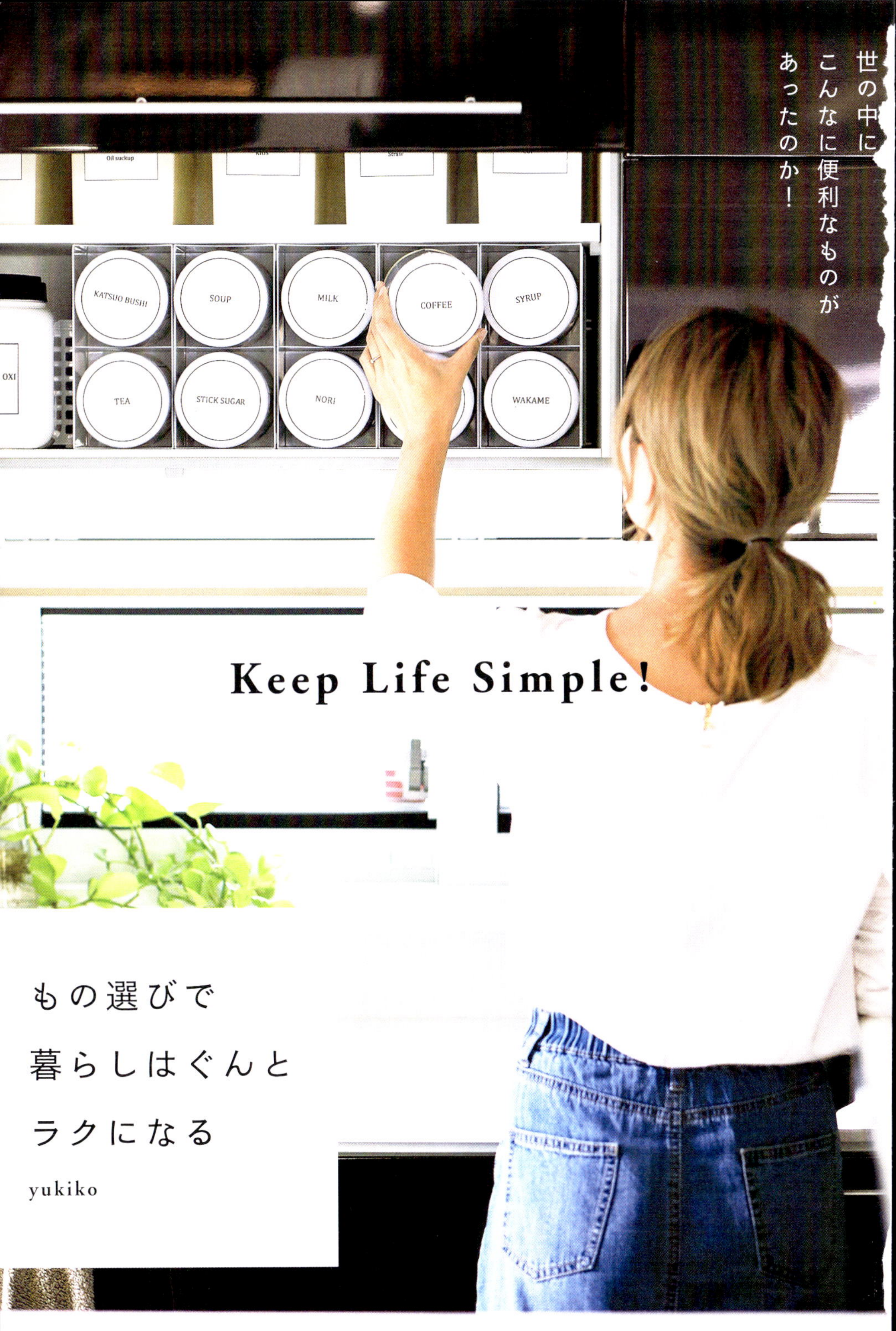

世の中にこんなに便利なものがあったのか！

Keep Life Simple!

もの選びで暮らしはぐんとラクになる

yukiko

ものをためすぎないことが暮らしの基本

「どんな暮らしがしたい？」と聞かれたとき、みなさんはどう答えますか？　私は決まって「ほんとうに必要な物しか持たない暮らしがしたい」と答えるんです（ブログのタイトルそのまんまやん）。

「お気に入り」だけを持ち、家事をラクにしたい。もっと、時間と心にゆとりが欲しい。そんな意味を込めています。

片付けたのに、気がつけばものがあふれて元通り……。そうならないためにも、定期的にものと向き合い、自分に問いかけて、適正量を超えないことが、めっちゃ大切！

そんな暮らしの中で厳選してきた「私のほんとうに必要な物」を紹介します。「へぇ〜、そんなん、あったんや！」と、もの選びのヒントにしていただければ、うれしいです！

目指すのは がんばりすぎない 「ゆるライフ」

毎日、掃除や片付けを必死にがんばっていると思われがちなんですが、全然！　そんなことないんです。毎日することは、ほんの数分、数秒でできることばかり。そんな「ちょこちょこ掃除」を習慣化させることで、〝いつもキレイ〟が保てるようにしています。

とはいえ、小さな子どももいて、仕事もしているので、「今日はアカン。もう何もしたくないぃぃぃ――」という日もあります。そんな日は、無理せず〝何にもしないＯＦＦ日〟になってもよいと思います。

たまにはそんな日もないと、やってられへん！「ゆるゆる」やるので、ちょうどいい。「大好きな道具で楽しみながら無理なく」が続けられる秘訣だと思っています。

暮らしをラクにする「もの選びのルール」

私は、本当にズボラーで、ザッパー（大雑把）なんです。それを自覚しているからこそ、日々「なんとか家事をラクにできないか」と考えています。気を抜いても、手を抜いても家事がラクになるようなものを見つけ出すためのマイルールを紹介します。

Rule 1 「こんなのあったらいいな」はネットで探す

リアルショップはスペースに限りがあり、どうしても品ぞろえに限界があります。ネットショップなら自由自在に探し回ることができるので、「こんなのあったら便利やのに～」と思ったものは、まずはインターネットで検索します。

Rule 2

デザインと機能を徹底的にチェック

ネット検索である程度「これやな」と思うものをいくつか候補に選び、家に置いたときに違和感のないデザインかどうか、サイズや素材、性能などのスペックを徹底的に調べます。このときにちゃんと“もの”に向き合っておくと失敗しません。

Rule 3

手入れがラクか使い勝手をイメトレする

「あのすき間に入るか」「どのタイミングで使うか」など、実際に家で使っている様子をイメージトレーニングしてみます。キッチン道具や掃除道具は使用するときだけでなく、洗ったり片付けたり、手入れがしやすいかも重要なポイント。

もの選びのテクを公開！

失敗しないネットショッピングの極意

ポイントは検索ワードの選び方。「あったらいいな」から、
自分にぴったりなものにたどり着くまでの道のりを紹介します。

1

「こんなのあったら」をイメージしてキーワードを入力

慌ただしい朝の服選びが大変で、「前日にコーディネートして服をちょい掛けしておければいいんちゃう？」とぼんやりとイメージ。「洋服　かける」でネット検索をスタート！

▲

洋服　かける

2

見つからなかったらワードを変えて何度も検索

候補に挙がった商品リストをチェック。“床置きでシンプルなタイプ”が探しているものに近いと狙いを定めます。「ハンガーラック　アイアン」「ハンガーラック　スリム」などワードを変えて検索。

▲

ハンガーラック　アイアン

何日もかけて
探偵のように
探します

妥協せず、何度も
検索ワードを
変えてチェック

「服をちょい掛け」できる
ハンガーを探したときのことを
例に説明します！

3

除外検索などの「詳細検索」で条件を絞り込む

検索機能にもよりますが、「絞り込み」や「詳細検索」でさらに条件を絞り込み。「棚付き　含まない」「カラー　白」などイメージに近づけていきます。「完璧じゃないけどいいか」と妥協はしません。

絞り込み ▲

棚付き　含まない

4

候補で出てきた画像をくまなくチェック

絞り込まれた商品リストの画像をくまなくチェックし気に入ったものを「候補リスト」にアップ。サイズや耐荷重、価格などのスペックを徹底比較。大物家具はリアルショップで確かめることも。

▲

アイアンハンガーラック　レージア

よっしゃー！
白いアイアンハンガー
を見つけたで

価格も重要
ですな～

選んだものを日々の暮らしに生かす「ゆるライフ」の仕組み

○ 家事のついでに ちょこっと掃除をする

× 汚れがたまってから 掃除をする

○ 1日に1回、 リセット片付けをする

× 散らかっているのが 気になったら片付ける

○ その日に食べたい ものを時短調理

× 週末に1週間分の 作り置きをする

「これがあれば家事がラクになるで〜！」と商品をゲットしても、〝もの〟を手に入れただけで家事がラクになるわけではありません。便利グッズを取り入れた暮らしのシステム作りがもっとも大切です。

「ズボラーだからこそ、汚れが少ないうちに掃除する」「ザッパーだから、片付けは1日1回にする」「家族のために週末を家事でつぶさない」というのがわが家のモットー。

「がんばらない、ゆるライフ」を実現するために、〝選んだもの〟を最大限に生かすことを心がけています。

わが家の間取り図

結婚後しばらくしてマイホームを建てることになり、「室内は一年じゅう、春のよう」という高断熱仕様に心惹かれて一条工務店に決定しました。

　間取りを自由に選ぶことができたので、1階を家族がくつろげる広々としたリビング・ダイニングに、2階を生活スペースにしました。壁は白を基調とし、建具や床はダークブラウンを選び、海辺のリゾートのような開放感ある空間に仕上げました。2014年に完成。

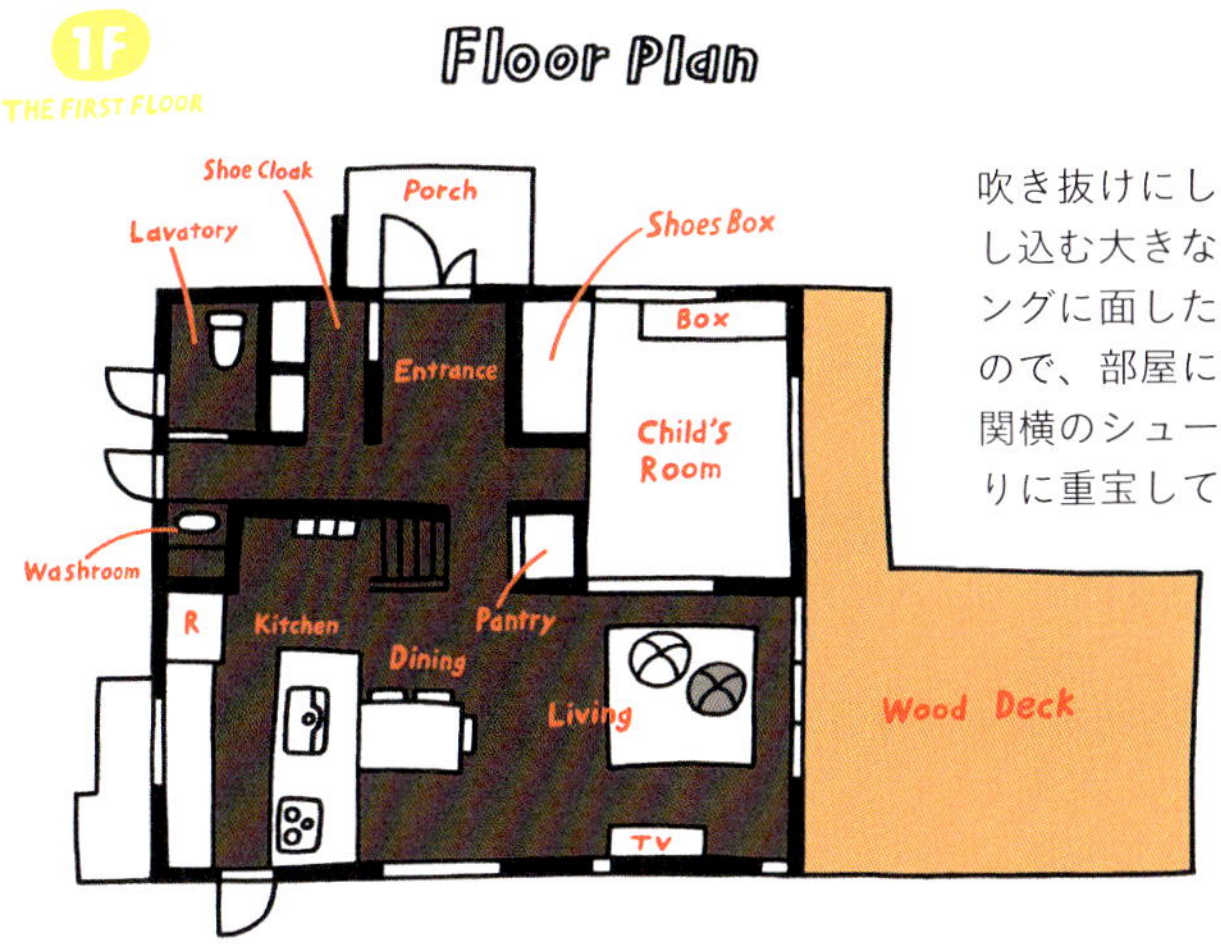

吹き抜けにして天井を高くし、光が差し込む大きな窓も設けました。ダイニングに面した階段もスケルトンにしたので、部屋に圧迫感を与えません。玄関横のシューズクロークは物置き代わりに重宝しています。

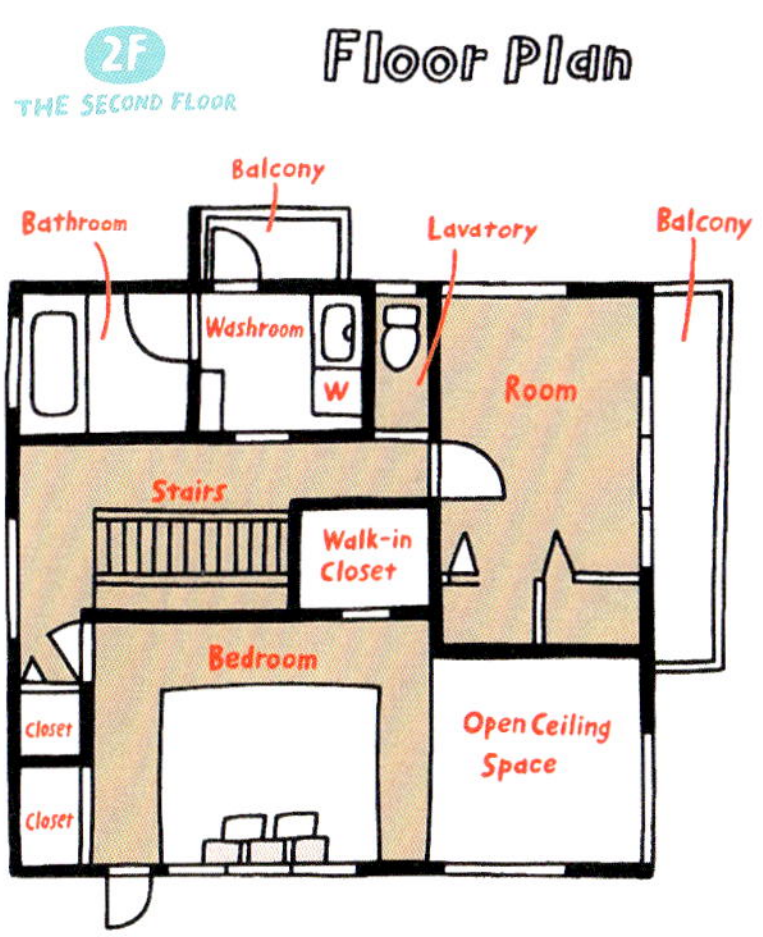

2階の吹き抜け横に寝室を配置。風呂好きな主人のために浴室は大きめにしました。メインの洗面所も2階なので、「洗濯→そのまま5歩でバルコニーに干す→その場でしまう」という"神動線"が実現しました。洗濯は毎日のことなので同じフロアで完結する仕組み作りをおすすめします。

暮らしの道具を厳選したら家事がぐんとラクになりました

「インテリア小物がホコリだらけ」「料理の下準備ばかりに時間をとられる」「どこに何があるかわからず探しものばかり」etc.。そんな日々の悩みを「しゃーない」と放置していませんか?

「yukikoさんと同じようにできません」とよく言われるのですが、声を大にして言いたい。「みんな必ず変われます!!」と。不必要なものを手放すと、自分に何が必要で、何を欲しているかが見えてくるんです。

独身時代の私は使わないものに囲まれ、右から左に移動するだけの片付けをしていました。でもマイホームを建ててからの私は〝華麗なる変身〟をとげ、「欲しいから買う」のではなく、「家事がラクになるか」「快適な暮らしができるか」という視点でものを選ぶようになりました。

仕事をしながら、子育てしながら、犬を飼いながら、忙しい日々を送っていますが、暮らしの道具を厳選することで、気持ちに余裕が生まれることを実感しています。

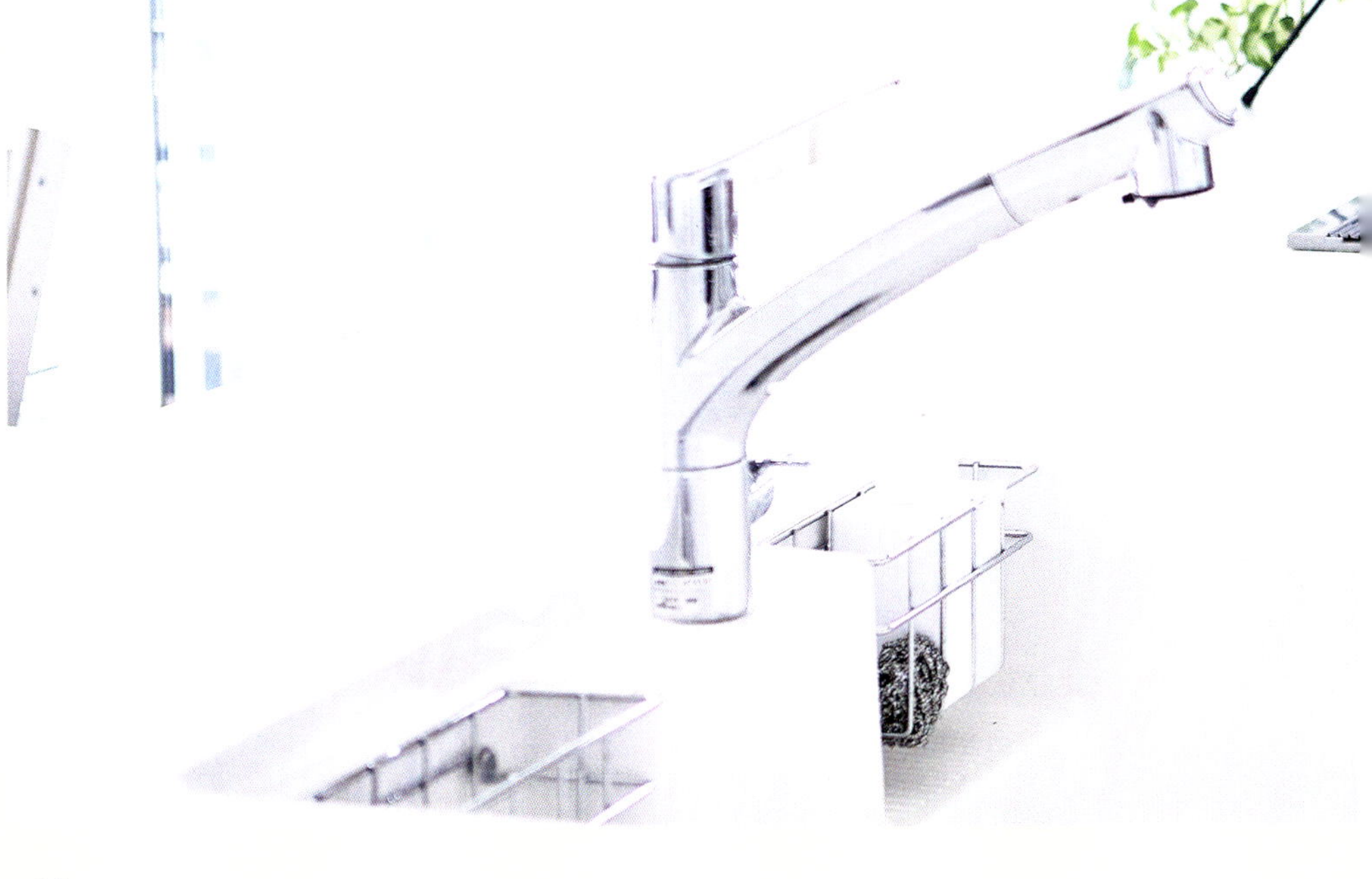

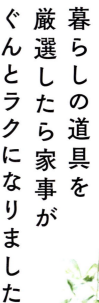

Contents

デザイン　吉村　亮・大橋千恵（yoshi-des.）
撮影　柳原久子
間取り図　STOMACHACHE.
編集　米原晶子
校正　麦秋アートセンター

※本書に掲載している商品情報は2018年10月15日現在のものです。全て私物ですので、取り扱い終了となる場合もあります点、ご了承ください。

Prologue

2　ものをためすぎないことが暮らしの基本

4　目指すのはがんばりすぎない「ゆるライフ」

6　暮らしをラクにする「もの選びのルール」

Concept

8　失敗しないネットショッピングの極意

10　選んだものを日々の暮らしに生かす「ゆるライフ」の仕組み

12　暮らしの道具を厳選したら家事がぐんとラクになりました

Part 1　片付けの手間いらずで彩りのある暮らし

Plan 1
18　大物の家具選びは掃除と手入れのしやすさを重視します
① ダイニングチェア
② ビーズクッション
③ ふわふわラグ

Plan 2
24　階段下コーナーをおしゃれな家電ステーションに模様替え
④ サイドボード
⑤ プリザーブドグリーン
⑥ 北欧の花器
⑦ スタッキングスツール
⑧ アロマディフューザー

Plan 3
28　「高見え」するインテリアグッズなら急なお客様でも困りません
⑨ 収納ボックス
⑩ アタ製のカゴ
⑪ 竹製トレイ

Plan 4
32　家族がリラックスできるよう住まいの基本を整えました
⑫ 掛け布団カバー
⑬ マットレス
⑭ ハニカムシェード
⑮ エコカラット

Column

62 Part 3 忙しくても作り置きしなくていいキッチン

64 Plan 1 優秀なキッチングッズを使うことで調理の手間と時間が1／3になりました
- 36 インデックスまな板
- 37 ボウル&ザル
- 38 多層鍋
- 39 ホーロー鍋
- 40 耐熱計量カップ
- 41 シリコン調理グッズ
- 42 解凍プレート
- 43 みそマドラー
- 44 油はね防止ネット

72 Plan 2 料理がワンランクアップして見える器を少しずつそろえています
- 45 木製お椀
- 46 小鹿田焼の器

74 Plan 3 使い比べることでわかったほんとうに使えるスポンジ&ふきん
- 47 スポンジ
- 48 コットンふきん
- 49 マイクロファイバーふきん

76 Plan 4 使いやすさを試行錯誤して考え抜いた適材適所のキッチン収納
- 50 ふた付きボックス
- 51 防湿キャニスター

78 Plan 5 消耗品を専用ケースに詰め替えれば引き出しにムダなスペースができません
- 52 ラップ&アルミホイルホルダー
- 53 洗剤詰め替え用ボトル
- 54 スパイスボトル
- 55 ワンプッシュボトル
- 56 仕切り付き収納ケース

82 Plan 6 出しっ放しでも目立たないシンデレラフィットのキッチン小物
- 57 書類ファイル
- 58 コンテナ
- 59 キャスター付きゴミ箱
- 60 ふきんホルダー

86 Column ワーキングママになって感じるほんとうの料理の時短テク

88 「魚大好き！」なわが家の究極時短メニューを紹介します

90 Part 4 汚れを見つけたら放っておけなくなるお掃除グッズ

Plan 1
道具にこだわることで嫌いな掃除が苦にならなくなりました 92
61 羊毛はたき
62 ロングやぎ毛ブラシ
63 スチーム掃除機
64 折りたたみ式バケツ
65 2WAYワイパー
66 窓用ロングワイパー
67 マイクロファイバークロス
68 クロススポンジ
69 シンクのコーティング剤

Plan 2
毎日工夫してたどり着いた住居洗剤とズボラー的掃除テク 100
70 ナチュラル洗剤
71 髪の毛キャッチャー

Plan 3
掃除もちょこっとお出かけもできる「ワンマイルウェア」なら服選びに悩まない 106

Plan 4
忙しくてもオン&オフを大事にしたい わが家のタイムスケジュール 108

Column
ワンコがいても子どもがいてもキレイを保つコツ 110

Part 5 シンプルで機能性のある子育てグッズ

112

Plan 1
インテリアになじむデザインを選べば出しっ放しでも気になりません 114
72 滑り台&ライダー
73 木製おもちゃ
74 ハニカムパーテーション
75 布製収納ボックス

Plan 2
抜群の機能性で子育て中のプチストレスにさようなら 118
76 ステップ
77 補助便座
78 防臭ビニール袋
79 トートバッグ
80 ベビーカー
81 電動自転車

Column
念願のドッグカフェをオープンしました! 122

Epilogue
もの選びで「暮らしをラクにした」その先にある幸せ 126

Part

1

片付けの手間いらずで彩りのある暮らし

素潜りで魚を突く「スピアフィッシング」が私たち夫婦の趣味です。家を建てるときに大好きな海辺のリゾートをイメージしていろいろな工夫をしました。そんな家族がくつろぐ空間の家具選びは手を抜けません。でも「家事は手を抜きたい！」（←どっちやねん）ということで、掃除や片付けがしやすい、シンプルなインテリアを基本としています。

Plan 1

大物の家具選びは掃除と手入れのしやすさを重視します

ダイニングテーブルやサイドボードなどの大型の家具は、一度置いてしまうとめったに動かすことがありません。だからこそ選ぶときにはホコリがたまりにくい構造か、掃除をしやすい作りかなどをよく吟味します。

大物家具は圧迫感を与えないようなデザインや色かどうかも重要。色味はわが家のテーマカラーと同じ、白とダークブラウンを選ぶことが多いですね。

おすすめポイント

- テーブルにひじ掛けを引っ掛けられて、掃除機をかけやすい
- 軽量で上げ下げがラク

テーブルに引っ掛けられるダイニングチェア

長い間ベンチを使っていましたが、「背もたれがあるチェアで落ち着いて食事をしたい」と思い買い替えることに。掃除がしやすいものをと探し出したのが、ひじ掛けがテーブルに引っ掛けられるウォールナットのチェア。床掃除が劇的にラクになりました。

シンプルな直線デザインのいす。テーブルにひじ掛けを引っ掛けたらロボット掃除機がスイスイ通れます。座面カバーは取り外し可能。REAL arm chair／ナガノインテリア

Items 1 ダイニングチェア

ソファがなくても快適な ビーズクッション

わが家を象徴する白いソファがあったのですが、ワンコの毛や食べこぼしがすき間に入り込みストレス源に。思いきって手放して手に入れたのがオニオン型のビーズクッション。体が包み込まれるフィット感がたまりません。

持ち運びに便利な取っ手付き。テフロン加工生地で汚れもさっと拭き取れます。通称「人と暮らしになじむクッション」ビーズクッション・凹凸レザーオニオン／ハナロロ

- オニオン型で持ち運びしやすい
- 汚れがすぐ取れる

おすすめポイント

Items 3

ふわふわラグ

おすすめポイント

- 床暖房に対応している
- 強力な滑り止め付きでズレない
- 生活音を吸収する
- クッション性があり、転んでも痛くない

リピート使用している極厚のふわふわラグ

買い替えどきでも浮気をせずにリピート使用しているのが極厚ラグです。中に低反発ウレタンが入っていて、表面はフランネル生地でふわふわな肌触り（←半端ないねん）。歩き始めたばかりで転びやすい娘にも安心です。

ソファを処分して正解。
部屋がめっちゃ
広くなりました

一般的な低反発ラグより厚みがあって座り心地抜群。表面は毛足が短いマイクロファイバー起毛。低反発ラグマット・モフィネ（極厚28㎜）／アールケイプラニング

Plan 2

階段下コーナーをおしゃれな家電ステーションに模様替え

ダイニングにあるスケルトンの階段は部屋を広く見せる効果があるのですが、階段下がうまく使えへんデッドスペースになっていました。ワンコの水コーナーにしていたものの、娘の成長とともにカオス状態に……。

プリンターなど電子機器置き場に困っていたこともありサイドボードを置いたところ、思った以上に階段下になじみ、お気に入り空間に変わりました。

おすすめポイント

- 取っ手がない
- 圧迫感がないシンプルなデザイン
- ロボット掃除機が奥まで入り、ホコリがたまらない

パソコン機材がピッタリ入る奥行き45.5cmのサイドボード。足元のスチールフレームがスマートで黒い天板がおしゃれ。サイドボード／BAROCCA　LOWYA

掃除機がスイスイ入る高床サイドボード

ボード下に空間がある高床タイプ。細身のスチールフレームが本体を支えていて、圧迫感がなく、遠目に見たら宙に浮いているみたい(空中浮遊ぽわわ～ん)。おかげでロボット掃除機がスイスイ入るというメリットも。

スマホやデジカメの「隠れ充電ステーション」になっとるんやで！

Items 4

サイドボード

プリンターなど家電の隠し収納

サイドボードは、なかなか位置が定まらなかったパソコンやプリンター、スマホ充電器の置き場にピッタリでした。ごちゃつく小物や書類は、扉を開けたときにもスッキリ見えるようカゴに入れて収納。

充電中でも扉を閉めてしまえば、ごちゃつくコードも見えなくてスッキリ。天板が黒なので機材も悪目立ちしません。

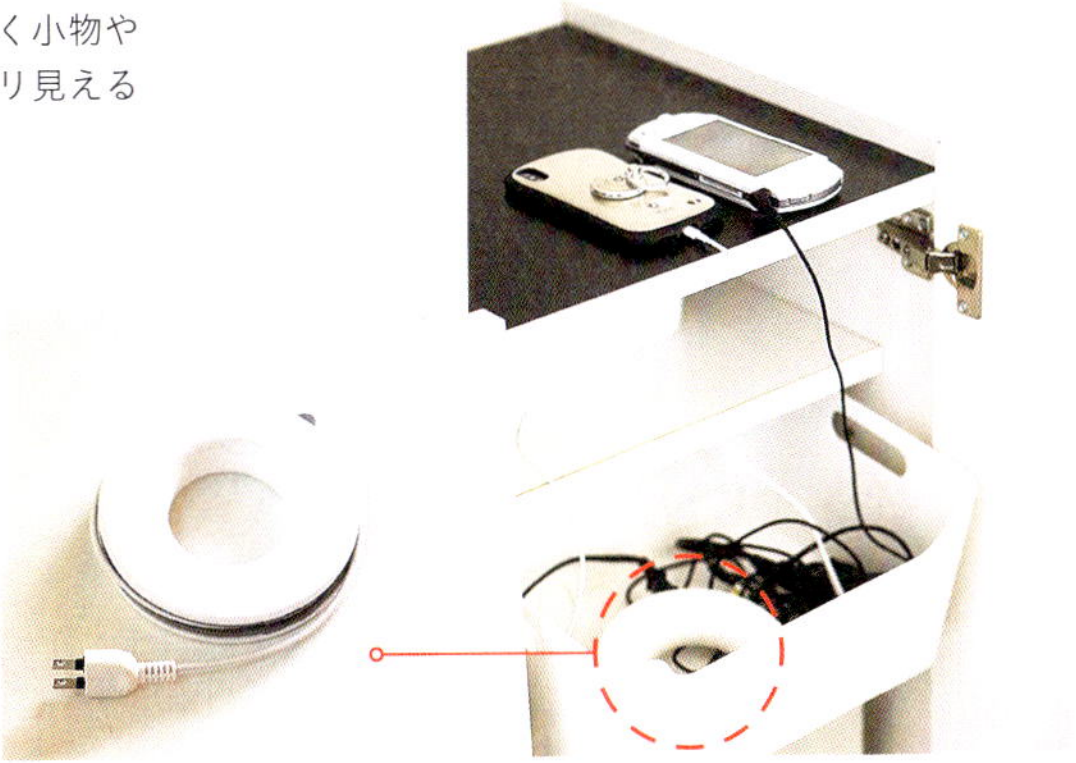

充電ステーションで影の活躍をしているのがドーナツ型の延長コード。円の中に3個口のコンセントがあり、余分なコードを巻き取れます。プラゴ・テーブルタップ／Monos

ボード内に“隠れ充電ステーション”を設けました。スマホ、デジカメ、ゲーム機（←主人の）の充電器を入れておき、充電するときにつなぐだけ。長年のモヤモヤが解消されました。

- 奥行きと幅のある棚を有効利用できる
- アイテムごとに小分け収納できる

おすすめポイント

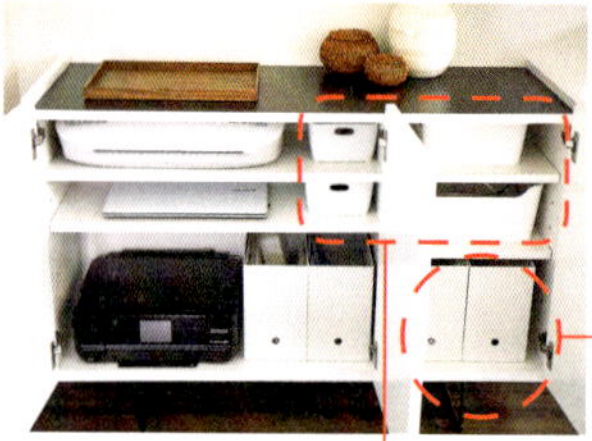

横の凹を利用して充電ステーションのコードを出しています。両サイドに取っ手があり、重いものを入れても大丈夫なしっかり素材。VARIERAボックス（大・小）／イケア

棚の中がスッキリ片付くボックス収納

棚板があるだけのボード内を有効利用するため、棚のサイズにピッタリ合う収納ケースを引き出し代わりに使っています。上段と中段は充電コードなどの小物をボックスに。最下段にはチラシやパソコンの周辺機材などの重いものを書類ケースに収めています。

Memo

書類ケースは
高さがある棚でも
ムダが出ないのが
ええねん

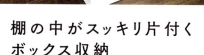

書類ケースはストック食材入れにも◎

ダイニングにあるパントリー（食品庫）でも書類ケースは大活躍。説明書などの書類はもちろん、缶詰やペットボトルなどの食品ストックにもピッタリで、重いものを入れても型崩れしない丈夫さが魅力。タテ収納ができるのでムダがありません。

幅の違う収納ケースを組み合わせて使用。（左）ポリプロピレンファイルボックス／無印良品　（右）ステイトファイルボックス／ジェイ・イー・ジェイ

Items 6 アタ製のカゴ

（左）子ども部屋の棚に裁縫セットを収納。ハンドメイドの円柱形バスケット／サララバリ
（右上・右下）サイドボードの上にはマニキュアや電池を収納。アタで編まれたハンドメイドのボールカゴ／アジア工房

- シンプルなのに存在感がある
- ふた付きで隠し収納にピッタリ

おすすめポイント

南国リゾート感があって、大人の雰囲気が出るねん

部屋のアクセントになるアタ製のカゴたち

雑貨をほとんど置かない主義ですがインドネシア原産のアタ製品は特別。独特のぬくもりが好きで昔から少しずつ集めています。使うところに置きたいけど見せたくないものの隠し収納にピッタリ。白い壁にもよく映えます。

表面がツルッとして手入れがラクな竹製のトレイ。郵便物などをちょい置きしても、散らかって見えません。マルチトレー ナチュラルウッド／ニトリ

Items 7 竹製トレイ

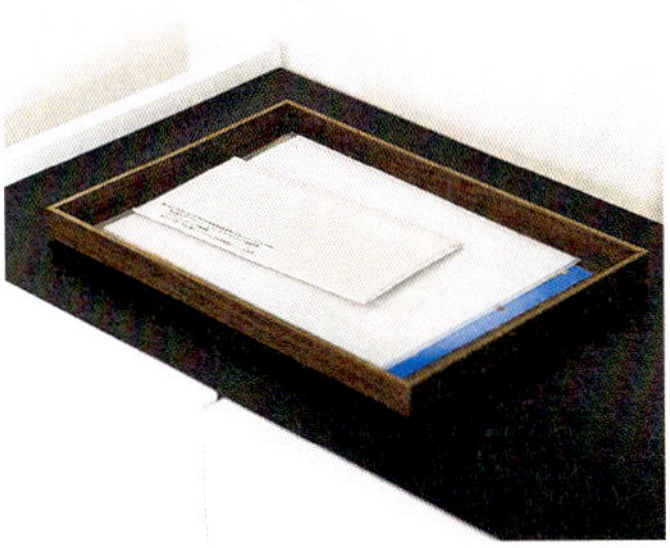

ホテルライクな書類の一時置きトレイ

長期で保存するほどでもないチラシや郵便物など一時的な書類の置き場所って困りますよね。棚の上にポイ置きするのではなく、トレイに載せるだけでホテルのような上質な空間になります。

Plan 3

「高見え」するインテリアグッズなら急なお客様でも困りません

急な来客があるときは、5分でリセット片付けをします。おもちゃをボックスにポイ。キッチンに出ているものを定位置へイン。掃除機をサッとかけ最後に玄関でアロマディフューザーをセットしたら完了。逆に言えば5分でリセットできる程度の散らかりならOKということです。普段から「高見え」するさりげない演出をしておけば〝おもてなし〟にも困りません。

プリザーブドグリーン Items 8

おすすめポイント

- 生花とドライフラワーの中間のような自然な質感
- 水を替える必要がない

フレッシュな質感のプリザーブドグリーン

雑貨をあまり飾らない代わりに、花や緑でインテリアを演出しています。庭にある生花を飾ることが多いのですが、葉のフレッシュ感が残る“プリザーブドグリーン”が最近のお気に入り。手入れいらずで長持ちします。

（右）生花を特殊に保存加工。おすすめはボリューム感のあるユーカリやラベンダー。プリザーブドグリーン／大地農園　（左）葉の写真パネルでもグリーン感をアップ。ポスター GREEN HOME 03／ペーパーコレクティブ

Items 9

北欧の花器

（左から）ボールフラワーベース（ベルギー製）／SERAX　フローラベース（デンマーク製）／Holmegaard　オマジオ・パール フラワーベース　小・大（デンマーク製）／KAHLER（手前）ボールフラワーベース（スウェーデン製）／cooee design

シンプルがおしゃれ
北欧の花器

ツル性植物や庭の草花（たとえ雑草でも！）をおしゃれな花器に飾ると、家の中がゆとりの空間に生まれ変わります。まさに花器マジック！　花器コレクションの多くは北欧製で、植物がなくても見とれてしまうデザインです。

手入れいらずの
アイビーをコーナーに

清潔感を出したいキッチンや洗面所にも花器をさり気なく飾ります。手入れいらずで枯れにくいアイビーやヘデラなどのツル性植物がクリアなガラスによく映えます。

色味がない
花器の方が草花が
キレイに映えます

座面の奥行き16cmのスリムなスツール。いくつでもスタッキングできる機能的なデザインが魅力です。b2c・スタッキングスツール（ウォールナット）／サラサデザイン

- スタッキングできて省スペース
- 軽くて持ち運びがラクチン

おすすめポイント

＼来客時のサブチェアに！／

／普段は階段下に収納＼

＼調理中のちょこっと休憩に！／

スタッキングできる スリムなスツール

ホームパーティーをするときに予備のイスとして大活躍するのがコンパクトなスツールです。積み重ねて収納でき、持ち運びにも便利な革の取っ手付き。置くだけでインテリアにもなる、使い勝手無限大のチェアです。

Items 11
アロマディフューザー

■天然アロマオイルで優しい香り
■霧状に出るので急なおもてなしにピッタリ
おすすめポイント

お客さんが
いついらしても
大丈夫なようにしてます～
ワン！

火も水も使わない
アロマディフューザー

いろんなタイプのアロマディフューザーを使っていますが、これは火も水も使わず、アロマの精油そのものを細かい霧状にして拡散するタイプ。急なお客様でも天然の優しい香りでおもてなしできます。

エッセンシャルオイルのボトルをそのままセット。純粋なアロマの香りを楽しめるので、芳香剤の香りが苦手な人におすすめ。アロマディフューザー-ブレッザ／brezza

Memo

急な来客でも
「ココだけは掃除！」

急なお客様の訪問で、私が絶対にキレイにする場所は玄関と水回り。玄関は家の第一印象が決まる場所で、水回りは掃除が行き届いているかを判断される場所だからです。ここさえ押さえれば、気持ちよく過ごしてもらえます。

1 玄関
》玄関の床と棚を掃除

2 トイレ＆洗面所
》汚れがないかチェック

3 リビングの床
》おもちゃなどを片付け

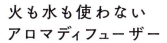

Plan 4

家族がリラックスできるよう住まいの基本を整えました

エコカラット Items 12

テレビの裏にある壁一面がエコカラット。両端がグレーで中央は白いレンガのようなデザイン。ナノレベルの孔（あな）で湿度調整や脱臭効果があります。エコカラット／LIXIL

おすすめポイント

- 室内の調湿＆消臭効果がある
- 白い壁のアクセントになる

湿気もにおいも解消する壁材「エコカラット」

新築時に壁材のオプションで選んだ特殊なセラミック素材の「エコカラット」。生ゴミ、ペットなどの生活臭を吸着し湿度調整もしてくれる優れもの。設けて4年経ちますが湿気やペット臭に悩んだことがありません。

暮らしの道具を探し出してそろえるのは主に私ですが、独りよがりにならないように気をつけています。特に仕事をしてクタクタに疲れて帰ってくる主人に「早く家でゆっくりしたい」と思ってもらえるようにしたいという思いが強くあります。

夫は家族と家で過ごす時間を大切にしたいと思っているタイプ。私がいつまでもバタバタ家事をしていると落ち着かないと思うので、家事を早く終わらせて3人でDVDを見たりしてリラックスさせてあげたいのです。

夫や娘に「やっぱり家が一番ええな〜」と思ってもらえるような住まいを整えるように心がけています。

一年中快適に過ごせる
ハニカムシェード

わが家の窓辺にカーテンはなく、すべてロールスクリーン式のハニカムシェードです。断熱性と保湿性も高く快適。全部下ろしてもやわらかい日差しが部屋中に差し込み、リビングをくつろぎの空間にしてくれます。

おすすめポイント

- ハチの巣構造で断熱効果がある
- 部屋が優しい太陽光で満たされる

2重の不織布をさらに六角形のハニカム構造にしたもので、断熱、保湿、保温効果があります。夏は暑さが冬は寒さが和らぎ電気代の節約に。ハニカムシェード／一条工務店

ロータイプのベッドには ホテルのような上質のカバーを

2階の吹き抜け横にあるベッドルームに、ロータイプのセミダブルを2つ連結したワイドなベッドを置いています。ゴロンゴロン寝返りを打つ娘も安心して寝かせられます。

Items 14 マットレス

ほどよい硬さで
産後の腰痛にも
よかったみたいやで～

一度私がギックリ腰になったときに寝てみたら、寝返りがしやすく腰がラクになってびっくりしました（笑）。エアウィーヴ　スマートプレミアムR／エアウィーヴ

眠りの質を上げてくれる 高反発マットレス

娘の夜泣きで翌日の仕事に響かないように、主人は1階の和室で寝ています。ヘルニア持ちの主人に質のいい眠りを確保してもらいたいと選んだのが高反発マットレスです。特殊なファイバー素材で丸洗いもできます。

Items 15 掛け布団カバー

- 紐なしで、カバーの取り換えが時短できる
- 滑り止め付きで布団がズレない

おすすめポイント

四隅を留める 手間いらず！ ズレない掛け布団カバー

全面ファスナー付きの布団カバーなので、セミダブルの布団でも入れ替えがラクちん。内側にゴムのような滑り止めテープがあり、四隅を紐で結ぶ手間いらず。寝相の悪いファミリー（←ウチのことやん）にもおすすめです。

ホテルのようにシンプルなデザインで、綿100％のサテンストライプ生地が高級感をかもし出します。掛けふとんカバー（Nグリップホテル）／ニトリ

白い家に
なじんでますねん

「白いお方」ルディに家族みんながめっちゃ癒やされてます

わが家の愛犬はホワイト・スイス・シェパードのルディ。ブログでは「白いお方」として多くのみなさんから、かわいがってもらっています。

「ワンコと赤ちゃんは家でどう過ごしていますか」とよくご質問をいただきます。娘が生まれてからも、ルディを特に隔離せず家の中でフリーにしています。ルディが「ボス」と慕う主人と私が娘を大切にしているのを理解しているので、娘を見るときの目がいっちゃん優しい！ほんと犬って賢いです。とはいえ、「絶対」はないと思っているので、ふたりが触れ合うときは必ず誰かが見守るようにしています。

娘はルディのことを好きで好きで、好きすぎてもはや片思い状態。じゃれ合う姿は見ていて微笑ましい。主人もルディのことを好きすぎて、仕事の休憩時間にリビングにある見守りカメラをスマホでチェックしているみたい。家族みんながルディに癒やされています。

Part

2

リセットしやすい収納と習慣

家族の様子をよく観察していると「いつも散らかるな」という場所は「そこに置くのが効率的だから」だとわかります。だから「家族がポイしたい場所に収納場所を作る」のが基本。おのずと家族も片付けに協力してくれます。まったく違う場所に「ココに置いて！」と強制しても絶対にうまくいかないんですよね（ホンマ）。

アイアンスタンド Items 16

Plan 1

クローゼットの「見える化」収納で毎日の服選びと片付けに悩みません

服はクローゼットの中に〝1年分掛ける収納〟。服をたたむことをやめました（これめっちゃラク）。上段にトップス、下段にボトムスで、季節による入れ替えもなし。独身時代は服をあふれるほど持っていましたが、春夏・秋冬で各10着あれば十分という結論に達しました。いつでも見渡せる状態なので「奥にしまって忘れていた」なんていうタンスの肥やしはありません。

洋服をちょい掛けできる スリムなハンガーラック

出かける直前になってバタバタとテキトーな服選びをして後悔するのがイヤで、「明日着る服コーナー」を設けました。風呂上がりや寝る前に、コーディネートを考えます。このゆったりした時間が楽しい習慣になりました。

おすすめポイント
- スリムで悪目立ちしない
- アイアンがおしゃれ

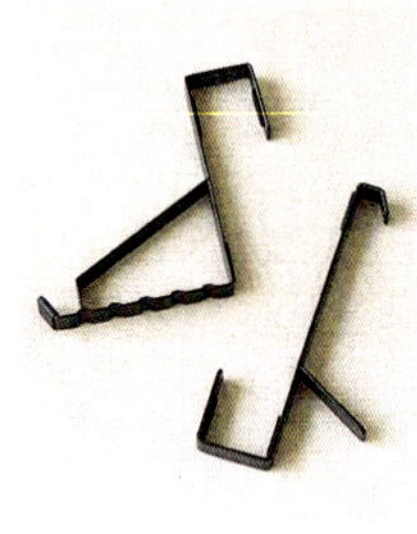

（左）存在感のなさが◎。アイアンハンガーラック スリム レジーア／プリズム（右）デニムなど一度着た服のちょい掛けに。smartドアハンガー・6連、ドアフック ロング／山崎実業

Items 17 スリムハンガー

■トップスのハンガーは「滑りにくい」
■ボトムスのハンガーは「引き出しやすい」

おすすめポイント

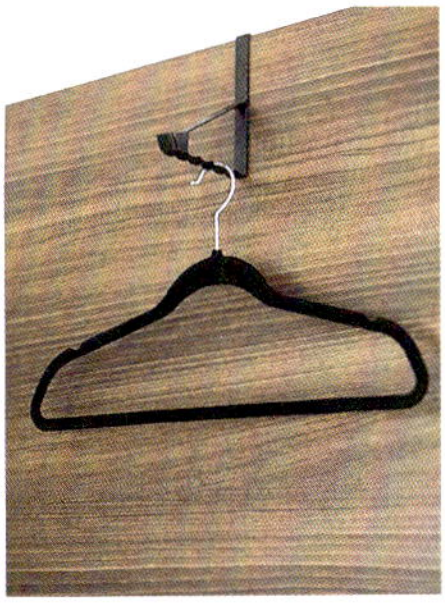

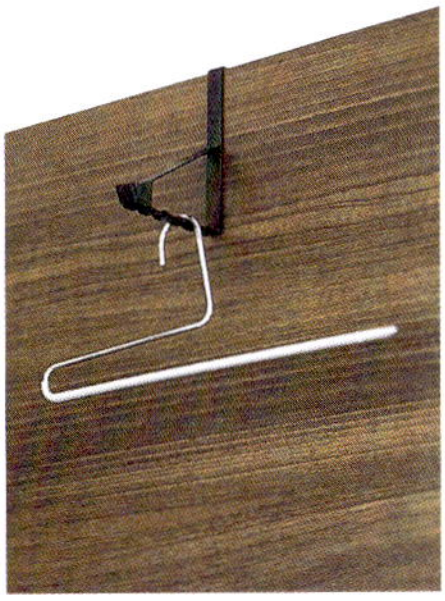

(上) トップスは洗濯のときこのハンガーに掛けて干し、そのまま収納。ノンスリップハンガー／フォーシーズンズ (下)ドイツのハンガー専門メーカーの優れもの。パンツシングル (ラメシルバー)／MAWAハンガー

トップスとボトムスのハンガーを使い分ける

トップスを掛けているハンガーは型崩れしにくいデザインで滑りにくい全面起毛。ボトムスは取り出しやすさ抜群のドイツ製ハンガーを使用。両方ともアパレル時代の経験から選び抜いたスリムハンガーなので、クローゼットを有効利用できます。

Memo

使わないハンガーはキッチンペーパーホルダーで整理

使わないハンガーのストック置き場って困りますよね。ただ置いておくとバラバラになって場所をとるし。そこで思いついたのが100均のキッチンペーパーホルダー (←こ、これや〜)。ズレずにすっぽりハンガーが入ります。しかも大量に。持ち運びにも便利です。

キッチンペーパーホルダー／ダイソー

Plan 2

超ズボラーの夫でも片付けたくなるシステム収納

私だけでなく主人もズボラー（夫婦そろっておおらか、ちゅうことです）。片付けても片付けても散らかる主人のクローゼットは人様に公開できへん。「好きにせぇ！」と長年放置していましたが、とうとう私も重い腰を上げました。夫は「見えないものはないもの」と認識してしまうタイプなので、ひと目でどこに何があるかがわかる収納を考えました。

自分の服は自分で管理。その方が「あれ、どこにあるの⁇」がなくなります。

100均の収納カゴ Items 18

中身が見えるカゴにアイテム別小分け収納

広いクローゼットの小分け収納に選んだのは100均の白い収納ケース。メッシュタイプで中身が見えやすく、主人の大きな手でも取り出しやすい取っ手付き。主人から「見やすイイネ！」いただきました（ふ〜満足！）。

おすすめポイント
- 中に何があるか見える
- 持ちやすい取っ手があり、引き出しやすい

男性サイズの服がちょうど入れやすい、メッシュタイプの大ぶりな収納ケース。「ハーフパンツ」「シャツ」などとラベリングをしてさらにわかりやすく。収納ケース／ダイソー

Items 19

パーテーション

プラスとマイナスの形をした土台に、パーテーションを組み合わせて使用。引き出しや衣類の大きさに合わせて変幻自在。サッ取りシリーズ　仕切り板S／吉川国工業所

おすすめポイント

- 服のサイズに合わせて組み替えできる
- 仕切りがしっかりしている

引き出しの服が上から見渡せるパーテーション

下の引き出しには下着類を収納しています。小さい衣類は仕切りがないと散らかってしまうので、縦横、自由に位置を変えられるパーテーションを採用。土台がしっかりしていて、へたりにくいので服の出し入れがしやすくなりました。

Items 20

ベルトハンガー

ちょい掛けが便利なベルトハンガー

ハンガーで有名なドイツのメーカーのベルトフックをクローゼットのバーに掛けて使用。見た目のシンプルさと省スペース感が秀逸です。ベルトやバッグのちょい掛けにピッタリ。

スチールに樹脂加工がされていて、滑り落ちにくく掛けるものを傷つけません。アクセサリー掛けにもおすすめ。ドイツ製。ベルト(白)／MAWAハンガー

Plan 3

ふすまを取り払い、全面が見渡せるストレス知らずの押し入れに変身

リビング横にある和室の押し入れは家族みんなが日々使うものを収納する場所です。でも大きなスペースなのに仕切りがない押し入れは苦手な空間でした。ふすまで中央が使えないし（布団の出し入れがしにくいちゅうねん）。考えた末にふすまを取り払ってみたら使いやすさ倍増。モヤモヤが解消されました。家族の成長にともない、常に見直しを続けています。

収納スペースが広がる ロールスクリーン

押し入れ中央がデッドスペースだったので、ふすまを外してロールスクリーンに替えたら、収納力がアップしました。プルコード式で、片手で軽く引っ張るだけで上げ下げがラク。和室感満載だった部屋もスッキリした洋間風に様変わりしました。

ロールスクリーン Items 21

おすすめポイント

- スクリーンの上げ下げが片手で軽くできる
- 壁の一部のようにスッキリと見える

1cm単位でオーダーできて色も選べます。白だけで3種類くらいあって私がセレクトしたのは「スノーホワイト」。ダブルロールスクリーン（オーダー）／立川機工

大きめの布団やマットレスも格段に出し入れしやすくなりました

■押し入れの奥行きにピッタリのサイズ感
■上下左右に棚の位置を変えられる

おすすめポイント

Items 22 キャスター付き収納

押し入れの深い奥行きにピッタリの収納ボックス。横板の位置も変えられます。キャスター付き押し入れラック・オープンラックタイプ／山善

デッドスペースを作らないキャスター付き収納

押し入れ下段には、奥行きがたっぷりあるスリムな収納ラックに引き出しボックスを組み合わせて使用しています。キャスター付きなので重くても出し入れがラク。家の修繕道具やクリスマスなど季節の飾りものを収納しています。

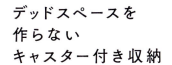

Plan 4

見えないからといって妥協しません！押し入れ&クローゼットの白い収納グッズ

ランドリーボックス Items 23

驚くほど軽い オフシーズンの 布団入れ

ランドリーボックスを季節外れの布団入れに転用。冬のムートンラグや娘のお昼寝布団を入れています。縦に収納できるので省スペースな上に軽くて出し入れがラクで助かります。

折りたたみ式のランドリーボックス。ポリエステル製なので超軽量。ふたはマジックテープ式。スクッブ・ランドリーバッグ・スタンド付き／イケア

どれもこれも、
スグレモノばっかり
ですねん

ふた付きボックス Items 24

ものをポイポイ入れられる ふた付きボックス

押し入れの天袋部分と下段の布団下に使用しているふた付き収納ケース。布団マットやクッションカバーなどを収納しています。将来娘関連のものが増えたときのために空きスペースも用意。

コンパクトなので天袋など高いところからの出し入れも安心です。収納ケースフラッテケース・ハーフ（ふたは別売り）／ニトリ

Items 25 スチールボックス

おしゃれで機能的な
スチール製の工具入れ

DIYグッズを入れる工具箱をずっと探していました。プラスチック製だと重さに耐えきれずに取っ手が外れるんです。この丈夫なスチール箱はリアルショップで見つけて「これや！」と思い即買いしました。

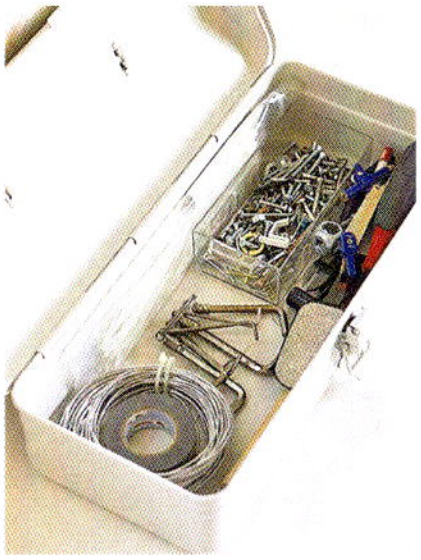

クギやハンマーなど重い工具を入れても大丈夫。「工具入れらしい工具入れ」にほれぼれしてしまいます。スチール工具箱4／無印良品

Items 26 取っ手付きボックス

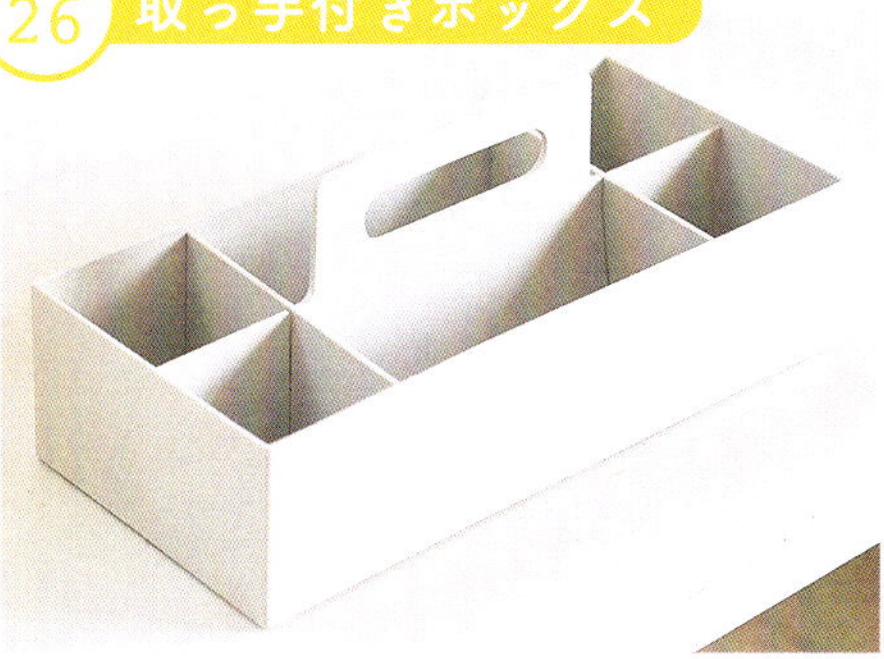

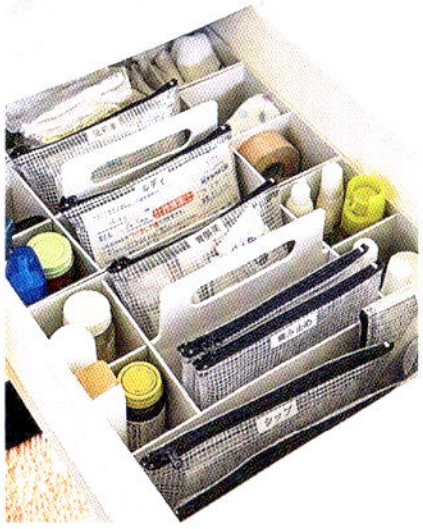

薬コーナーで大活躍！
取っ手付きボックス

娘がいたずらするのでテレビボードに入れていた薬を押し入れへお引っ越し。この取っ手付きボックスが押し入れ収納ケースに4つジャストフィット。ミラクルでした。

細々としたものを縦収納でき、ごちゃつきません。薬のジャンルごとに入れておけばボックスごと取り出して持ち歩ける“即席救急箱”に。ポリプロピレン収納キャリーボックス・ワイド／無印良品

スタッキングができ持ち運びも便利。アウトドアでイスとして使えるくらい頑丈です。ポリプロピレン頑丈収納ボックス・大／無印良品

Items 27 大型コンテナ

頑丈なコンテナを
写真などの思い出ボックスに

写真、アルバムなど思い出グッズをコンテナに入れて2階のクローゼットに保管しています。地震などで上に何か落ちても大切なものが残るように頑丈なコンテナを選びました。

Plan 5

毎日、何度も使う場所だから、清潔で ごちゃつかない洗面所を目指しました

おすすめポイント

- どこに何があるか把握しやすい
- 奥行きのない棚を有効利用できる

2階にあるメインの洗面所はお風呂の脱衣場も兼ねています。出しっ放しだとごちゃついて見える化粧道具や洗剤などの小物は扉の中にイン。毎日使うタオルとバスタオルはぬれた手でもワンステップで取り出せるよう棚にオン。清潔を保つためにも隠す収納とオープン収納をうまく使い分けています。家族の下着を脱衣場に集約しておくと風呂上がりにめっちゃ便利です。

コスメカウンターのディスプレイを見て「ピン！」ときて真似しました

Items 28 アクリルケース

透明なアクリルケースは清潔感があり、化粧品が浮き上がって見えて取り出しやすい。アクリルボトルスタンド３段／無印良品

化粧品を飾るように しまえるアクリルケース

毎朝メイクして髪を整えないと、１日の気合いが入りません。忙しい朝に「あれ、どこ？」と慌てないためにもコスメを厳選。アクリルケースにディスプレイしたら何があるか一目瞭然で散らかりようのない収納になりました。

Memo

ヘビロテで使う「厳選コスメ」５選

コスメはつい買い足してしまうものの、使わずにどんどん増殖していくアイテム。毎朝迷わないようヘビロテで使うコスメを厳選。あとはツケマがあれば完璧です！

① リップ（ベージュ、ピンク、レッド、オレンジ）
② ファンデーション＆ルースパウダー
③ チーク２色（ピンク系、オレンジ系）
④ ハイライト２色（ベージュ系、ホワイト系）
⑤ シャドウ（茶系、ベージュ系）

Items 29 ヘアアイロンカバー

おすすめポイント

- 使用中のちょい置きに便利
- 熱いまま収納できる
- すぐにしまえるので出しっ放しにならない

内側の表面がアルミコーティングされた耐熱生地。旅行に持ち運ぶのにも便利です。コードをまとめる収納ベルト付き。ヘアアイロン収納ポケット／トップ産業

ヘアアイロンが熱くても すぐにしまえるカバー

使った後の熱がなかなか冷めず、置きっ放しで外出するのがストレスでした。でも見つけましたよ、スグレモノ。内側がアルミの耐熱仕様なので、熱いヘアアイロンを入れてもそのまま引き出しにしまえます。

大好きな空中収納ができるタオルホルダー

ハンドタオルを清潔に、しかもすぐに取り出せる収納ができないかと思い、探し出したのがスリムなタオルホルダー。洗濯機上にある棚の下に付けてみたら、これが使いやすいのなんの。毎日ヘビロテで使うアイテムに“見える化収納”はピッタリです。

- スチール製で汚れが付着しにくい
- 存在感のないすき間収納ができる

おすすめポイント

マグネットでもネジでも付けられるタオルホルダーで、すき間収納に活躍するスリム感。縦で使ってもOK。スチール製で汚れが付きにくい。towerマグネットタオルホルダー／山崎実業

Items 31
フェルトのカゴ

■フェルト素材でおしゃれ
■口が大きいのでポイ投げしやすい

おすすめポイント

フェルト地でやわらかく、優しい肌触り。口が大きいのでポイ投げOK。フラットな1枚をボタンで留めて組み立てるデザイン。ポリエステル製。PUDDAバスケット／イケア

脱衣場に容量たっぷりの ポイ投げコーナー

元は主人が着替えを入れる小さなポイ投げ袋からスタート。家族が増えて各自のパジャマや下着など「風呂上がりセット」を入れるためにフェルト地の大きめサイズに進化しました。出しっ放しなのでおしゃれカゴをセレクト。

Memo

バスタオル＆フェイスタオルは こだわり素材をセレクト

日々肌に触れるタオルにはこだわっています。バスタオルはガーゼとパイルのダブル生地で吸水性が高く乾きやすいものを使用。フェイスタオルはドバイの7ツ星ホテルも採用しているふわふわなインド綿100％製です。

（左）バックガーゼバスタオル／タオル工場ぷかぷか（右）フェイスタオル／マイクロコットン

Plan 6

見えても見えなくても、ぶら下げフル活用。だって掃除がラクなんです

私、フックマニアです（↑唐突すぎ）。ゴミ箱、掃除道具、洗剤、歯ブラシなどの生活雑貨まで、なんでもフックにぶら下げ収納しちゃってます。置きっ放しだと汚れがたまるし、掃除がしにくいし散らかるし。そこでたどり着いたのがフックです。S字フック、マグネット、3点ピンなどのフックを見つけると、「これ使えるんちゃう？」とテンションが上がります。

フック Items 32

180度回転で天井にも下げられるフック2種

「あらゆる場所で使えるやん」と気に入っているのが、180度回転するフックです。階段下や天井、棚の中まで場所を選ばずなんでも引っ掛けOK。特に貼ってはがせる「無痕フック」は水場や屋外でも使えて、めっちゃ重宝しています。

おすすめポイント

■磁石なので冷蔵庫や玄関ドアにもおすすめ

おすすめポイント

■貼ってはがしても跡が残らない

（上）階段下にマグネットフックでドライフラワーをハンギング。（下）クローゼットの天井に無痕フックでロングブラシを、キッチンの棚にミトンを引っ掛け収納。

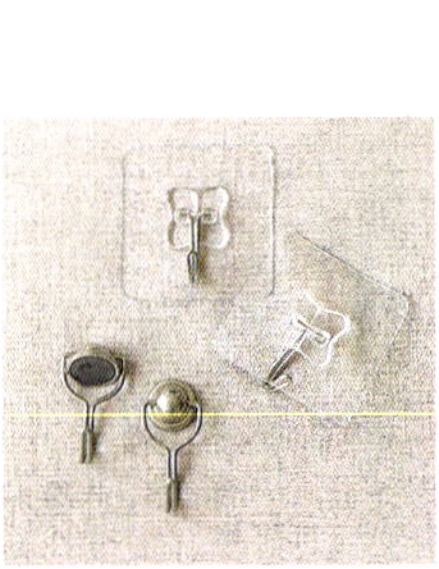

（上）粘着タイプながら跡が残らず繰り返し使える。耐荷重は8kg。無痕フック／エレクタウン　（下）超強力マグネットフック／サンケーキコム

> ぶら下げ収納マニアです。天井にも引っ掛けられる180度回転フックは特にたまりません～

Items 33　3点ピンフック

（上）玄関の飾りパネルをハンギング。（下）押し入れの壁には、娘の保育園の着替えのきんちゃく袋を引っ掛け。この存在感のなさがめっちゃ気に入っています。

おすすめポイント
- 石膏ボードの壁でも大丈夫
- 細いクギなので抜いた跡が目立たない
- 重いものが掛けられる

「縁の下の力持ち！」安心して壁掛けできる3点ピンフック

ポスターやパネルを飾るときに活躍するのがわが家の縁の下の力持ち、3点ピンフックです。重い観葉植物や掛け時計もこれにぶら下げ。デザインもシンプルで白い壁に同化して目立たないのが好き。取り外した跡も残りにくいといいことづくし。お徳用パックを買って常にストックしています。

細いクギのような3本のピンを10円玉でスッと押すだけでセット完了。石膏ボード用。耐荷重7kg。マジッククロス　壁面用フック／日軽産業

Plan 7

玄関スペースをフル活用して家の中に余計なものを持ち込まない

宅配便の段ボールは玄関ですぐに解体

娘がまだ小さくてゆっくり買い物に出かけられないのでネット通販をよく利用しています。そこで困るのは増え続ける段ボール。玄関で開梱して、段ボールや梱包材は決してリビングに持ち込みません。おすすめのシステムですよ。

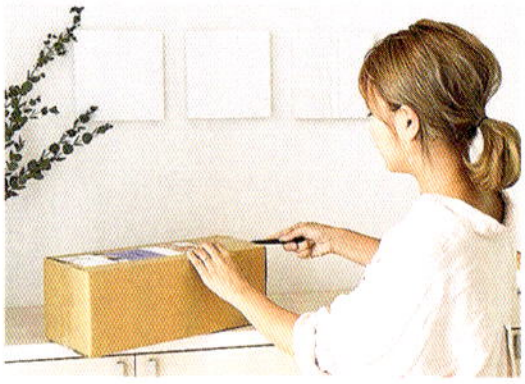

靴箱の中にカッター、はさみ、ガムテープなど段ボールの解体に必要なものをセット。荷物が届いたら、その場で開梱して必要なものだけリビングへ。部屋も汚れなくて済みます。

段ボールストッカー

Items 34

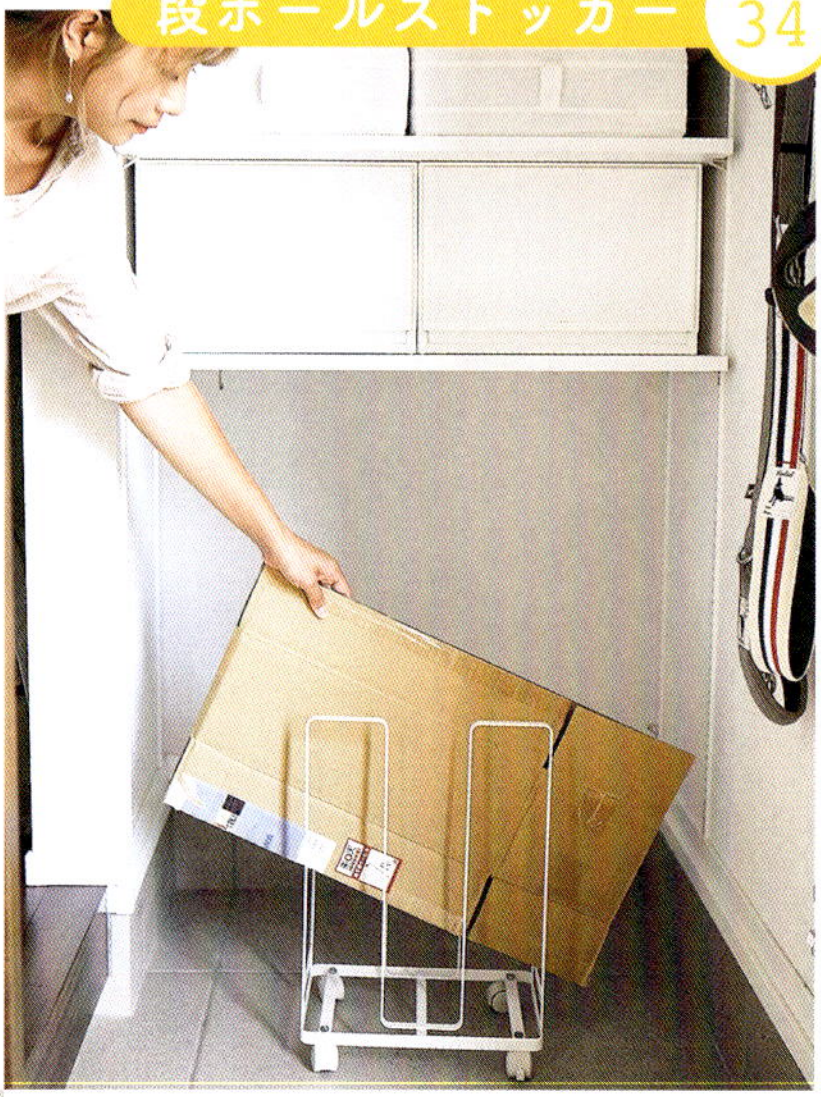

段ボールをコンパクトに収納キャスター付きストッカー

ネット通販で出た段ボールをそのままポイ置きしておくと、結構場所をとるので段ボールストッカーでコンパクトに収納しています。段ボールを入れたまま下から紐を通して縛れるからゴミ出しもスムーズ。

スチール製のスリムなデザイン。キャスター付きで移動もラクラク。tower段ボールストッカー／山崎実業

おすすめポイント

- たたんだ段ボールが広がらない
- キャスター付きで移動がラク

Items 35

ちょい置きフック

ドアや扉に掛けて使用するステンレス製のS字フック。シンプルで目立ちません。ステンレス扉につけるフック／無印良品

■シンプルデザインで掛けていないときは目立たない
■いろんな扉に移動できる

おすすめポイント

超強力マグネットフック／サンケーキコム
（P.52参照）

玄関に ちょい置きフックがあれば お出かけ前後が便利

玄関にフックを用意しておくと何かと便利です。靴箱の扉のフックはお出かけバッグのちょい置き場として。玄関の扉に付けたマグネットフックは出先へのお土産を忘れないように。振り込みが必要な納付書など期限間近なものを貼っておくこともあります。

収納の基本は「使うものを使う場所に」ですよね。実は玄関って思った以上に活躍する場所なんです。わが家のシューズクロークではアウター、バッグ、帽子、サングラス、手袋、掃除道具まで収納しています。

広いスペースがなくても大丈夫。靴箱やフックをフル活用してみてください。玄関を利用して余計なものを家の中に持ち込まないようにしたいですね。

玄関に置きたいものベスト3
① 段ボール解体セット
② ファッション小物
（バッグや帽子）
③ 掃除グッズ
使い勝手がええねん～

Plan 8

アイテムごとに持つ数を決めておけば 部屋が散らかりにくくなります

マイホームを建てたときに、いらないものを手放して暮らしをリセットしましたが、どうしても〝もの〟は増え続けます。「ほんとうに必要なもの」をキープするためには、やはり日々の見直しが大切。人は自分で管理できるものの量が決まっていると思います。それをオーバーすると〝ない〟のも同じ。一定量を超えないように「持ちすぎない暮らし」を意識しています。

定期的に
見直すことが
大事だと実感してます

Point 1 「ほんとうに必要！」と思う ファッションは、これだけ！

ファッションは消耗品だと思ってます。好きな服を思う存分着倒したら、リサイクルに回して新しいものを取り入れた方がいい。アイテムごとに持つ数を決めて、定期的にクローゼットを見直して、常に「使うものだけ」にしています。

服

ハンガーに掛かるだけ
- トップス…春夏・秋冬　各10着
- ボトムス…春夏・秋冬　各10着
- お出かけ用プラスアイテム（ジャケットなど）…５着

かばん

- 近所にお出かけ用…２個
- おしゃれ用…６個
- 買い物用…１個

靴

- フラットシューズ…９足
- ヒール…４足
- ブーツ…４足

Point 2 ものの「見直しday」は月に9回のゴミ出しの日!!

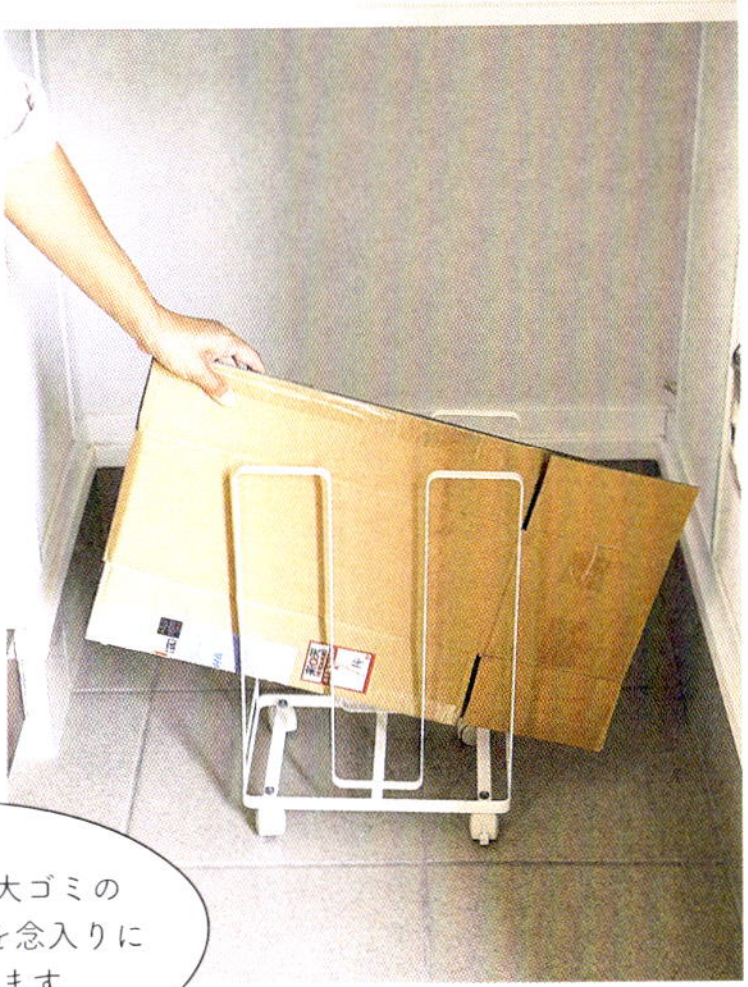

週2回の燃えるゴミの日と月1回の粗大ゴミの日の前日の私の目は血走ってまっせー。「使わないものはねぇが〜(なまはげ風に)」と家じゅうをチェック。気に入っていたものも、“一軍”じゃなくなったら「ありがとう」を伝えて手放します。「いつか使うかも」はいりません。後で困ることはないですね。生活スタイルはどんどん変化していくんだと思います。

特に月に1度の粗大ゴミの前の日は家じゅうを念入りにチェックしてます

わが家で「徹底的に排除しているもの」トップ3

1. 本・雑誌・カタログ類
2. おまけ・記念品など
3. 1年以上着ていない服

「家の片付け、何から手を付けたらいいかわからない」という方のために、私が家に置かないようにしているものをご紹介。本や雑誌は一度読めば十分です。期限切れの保証書なんかも定期的にチェック。家に入る前に排除しているのは「おまけ」で、記念品はいただかない主義。試供品はすぐに使っちゃいます。1年以上着ていない服については、言うまでもありませんね。

Point 3

やってはいけない！ 収納グッズを先に買う

片付けで失敗する共通パターンが「散らかってきたら収納グッズを買う」です。ちょっと待った～！　確かに一時的には片付いて見えますが、実際はものを移動させただけ。どんどんものが増えて、どこに何があるかわからず探し回るはめに。まずは「いらないものを除いてから収納を考える」が基本だと思います。

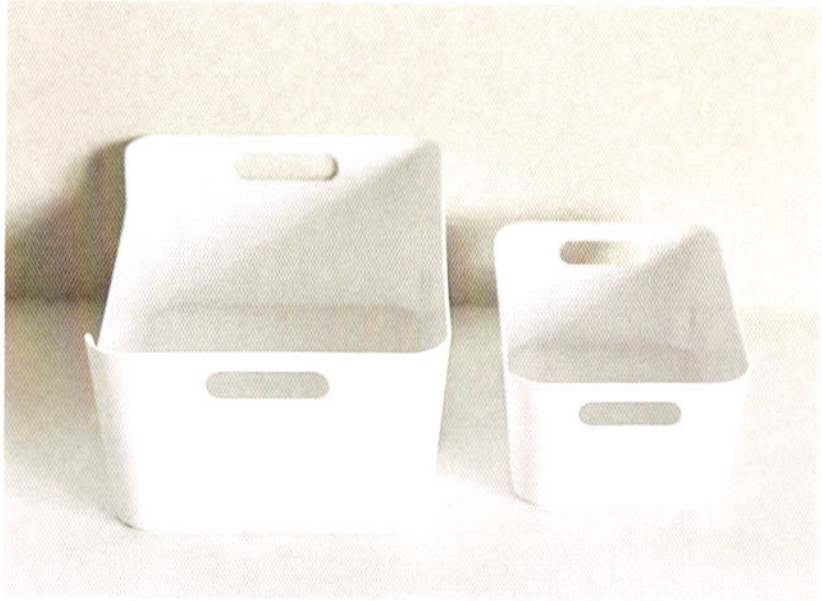

先に収納グッズ買うと
リバウンドしまっせ

紙袋は「お気に入りの大袋ひとつに入る分」だけ

買い物をする度に増え続けるショップの紙袋。でも全部捨てたら意外と困るアイテムです。他よりちょっと大きめの袋（ツヴィリング社の鍋が入っていたお気に入りの袋）に収まる分だけ、というルールにして、そもそもなるべくお店で袋をもらわないように心がけています。

Point 4 持ち物見直しは場所ごとに。全部出してチェック

「片付かへん、ものがあふれ出る」という場所を片付けたいとき、まずはものを全部出し「ほんとうに使うもの」だけを抜き出します。いきなりキッチンなど広い場所ではなく、引き出しの中など狭い範囲から始めると、達成感が得られるのでおすすめ。

私の片付け方

- 今ある引き出しや収納スペースに収まるだけの量にする
- 収めたい場所（棚や引き出し）のサイズを測り、収納グッズを探す
- サイズだけでなく、収納する場所に合った色で統一感を出す（水回りは白、子ども部屋はペールトーンなど）
- 奥行きがある場合は無駄ができないよう前後に分けるなど工夫する

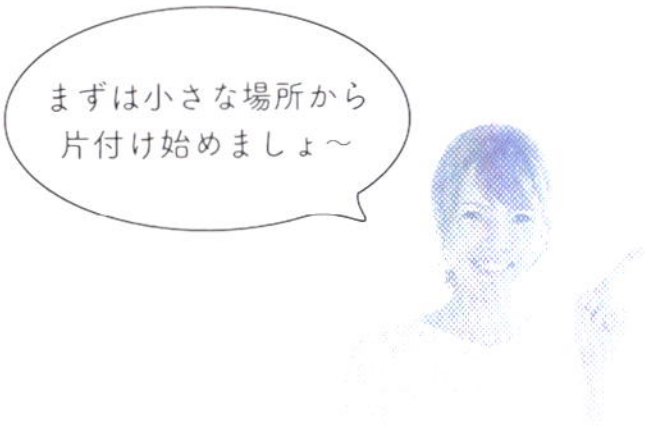

これだけはフルセットで装備「冠婚葬祭セット」

「使わないものはねぇが～」と常に気にかけている私ですが、これだけはきっちりそろえているのが冠婚葬祭セット。頻繁にないイベントだからこそ、準備しておくといざというときにバタバタしなくてすみます。ボックスにまとめてクローゼットの最上段に収納しています。

冠婚葬祭セット

- 礼式バッグ、風呂敷、ふくさ
- 香典袋、ご祝儀袋、筆ペン
- パールネックレス＆ピアス
- ストッキング
- 数珠

Column

「人と比べること」をやめたら生きやすくなりました

昔は（といっても結構最近まで）、「みんなこうやから」と人と比べることがよくありました。誰かが「いい」言うてるもんが気になって買っては、どんどんものが増えていき……。

でも「ほんとうに必要なもんて、何？」と自分に向き合うようになったら、「自分は何を好きか」がよくわかるようになりました。どれだけテレビやインスタで人気でも、わが家に合わないもの、私が好きでないものはすぐに〝NO信号〟がピピッと出るように。

子育ても同じ。他の子と比べることをやめたら、娘のちょっとした成長を前向きに見られるようになったんです。比べないってほんと生きやすい！

他にも子どもが生まれてからやめた（というかあきらめた）ことは主人の散髪、白いお方のグルーミング（↑プロにお任せや）。慣れない育児で怒濤の日々を送っていると、割り切りが必要やなって思うようになりました。

Part

3

忙しくても作り置きしなくていいキッチン

キッチングッズが大好きです。使い勝手のいい調理道具、料理をおいしく見せてくれる器、片付けをサポートするスポンジ。どれも機能性が抜群な上に、余分なものをそぎ落とした究極のデザイン（←ほれぼれすんねん）。そんな優れたキッチングッズがあれば、調理時間をグッと短縮できます。週末に何時間もかけて作り置きするよりラクだと思っています。

Plan 1

優秀なキッチングッズを使うことで調理の手間と時間が1／3になりました

料理好きの母が道具選びにこだわりがあったので、実家でお手伝いしながら「いい道具が料理をラクに楽しくしてくれる」ということを学びました。だから、結婚当初からキッチングッズはハイスペックなものを選んできました。

母が実家で使っていたヘンケルス社製のキッチンばさみは、私も同じものを購入。手入れがラクなザル、野菜がおいしくゆで上がる多層鍋。どれも調理のスピード化に役立っています。

素材ごとに使い分ける インデックスまな板

魚料理も肉料理も大好きで、いろんな食材を使うわが家にピッタリなまな板。素材ごとに使い分けられるので衛生面やにおい移りも気になりません。コンパクトなサイズと薄さが、調理するにも片付けするにも使いやすい。

おすすめポイント

- 素材ごとに使い分けてにおい移りがしない
- 薄くて軽いので扱いがラク

素材ごとにインデックスがあるので出し入れが便利。ステンレスケースの清潔感のあるカッコよさも魅力です。
インデックス付まな板100／Joseph Joseph

Items 37
ボウル&ザル

つなぎ目ゼロで汚れ知らず ボウル&ストレーナー

ザルの切り返しや取っ手などにたまる汚れが気になって、つなぎ目がないものを探していて見つけたのがこのストレーナー。水切りしやすく、清潔に保てます。ボウルとあわせて一生ものとして大切に使いたい逸品です。

おすすめポイント

- つなぎ目がないので汚れがたまらない
- スタッキングできるので収納場所をとらない

プロダクトデザイナー柳宗理デザインのキッチンシリーズ。ステンレスボール（直径23cm）、ステンレスパンチングストレーナー（直径23cm、16cm）／佐藤商事

少量の水で野菜をゆでる ステンレス多層鍋

多層鍋は少ない水分で素材の栄養を逃がすことなく調理できるスグレモノ。洗っただけの少量の水分で野菜をおいしくゆでられます。底だけ多層という鍋が多い中、これは全面多層構造で調理時間がぐっと短縮できます。

おすすめポイント

- コンパクトで下ごしらえに便利
- 少量の水で野菜をおいしくゆでられる

この小さなサイズが料理の下ごしらえやちょっとした煮物に大活躍。全面５層構造でIHにも対応。ツヴィリング　センセーション　シチューポット（直径16cm）／ツヴィリングJ.A.ヘンケルス

Items 39 ホーロー鍋

鍋料理も炊き込みご飯も！平型ホーロー鍋

冬は鍋料理がかなりの頻度で食卓に登場します。究極の時短メニューですもん。このホーロー鍋ならすき焼きも、煮物も、炊き込みご飯も、洋風煮込みもできて、そのままテーブルに出してもOK。一年じゅう使えるし、この「浅さ」がいいんですよね。

- 重厚なホーロー製で煮物やご飯がおいしく炊ける
- 鍋にもすき焼きにも使える浅さ

おすすめポイント

黒い鍋は和食メニューでも違和感ありません。料理が冷めにくい構造で食卓にぴったり。ストウブ ブレイザー ソテーパン（直径24cm）／ツヴィリングJ.A.ヘンケルス

下ごしらえに欠かせない 大小の耐熱計量カップ

計量できる耐熱カップを大小そろえています。大きい方は1ℓ入り、小さなボウルとしてもフル活用。昆布など乾物をもどしたり、ホワイトソースも材料を入れてレンジでチン。熱々でも持ち手があるので安心です。

アメリカのキッチンブランドの耐熱計量カップ。電子レンジでも冷凍庫でも使用可能。パイレックス　メジャーカップ（250mℓ、1ℓ）／コレールブランズ

おすすめポイント

- 耐熱ガラス製で電子レンジにも使える
- 「大」はボウル代わりにもなる

Items 41 シリコン調理グッズ

（上から１つめ）小さいサイズで使い勝手が広がります。シリコーンスパチュラ／無印良品　（２つめ）フッ素コーティングで鍋を傷つけません。先端には滑り止めがついて素材をつかみやすい。“cho-mono”はしトング／岡部洋食器製作所　（４つめ）煮物を混ぜたりすくったりと調理でヘビーユーズしている大判スプーン。シリコーン調理スプーン／無印良品　その他／キャンドゥ

Memo

「なくても困らない キッチングッズ」5選

日々キッチンに立つ中で「これってなくてもいいやん」って思うものが結構あります。視点を変えると自分なりのやりやすい方法が見えてきます。水回りはシンプルイズベスト！

1. 水切りカゴ
   》大判のふきんで代用
2. シンク排水口のふた
   》来客時だけ使用
3. 食洗機
   》手洗いの方が早い
4. 三角コーナー
   》ポリ袋を使用
5. オイルガード
   》油はね防止ネットを使用

手入れが超ラクなシリコン製の調理道具

フライ返し、お玉などの調理道具選びで重要視しているのがつなぎ目の有無。シリコン製の一体型は洗いやすくて衛生的。特に細身のトングは菜箸として使えて料理に欠かせません。私の“隠れ名品ランキング１位”です！

- つなぎ目が少ないので使いやすい
- シリコン製でフッ素樹脂加工の鍋やフライパンにも使える

おすすめポイント

調理道具が
変わるだけで、
だいぶ時短に
なりますねん

Memo

比べてみました！
こんなに早く解凍できます

■牛ステーキ肉（200g）

自然解凍		解凍プレート
60分	»	30分

■豚ブロック肉（300g）

自然解凍		解凍プレート
90分	»	55分

■魚一尾

自然解凍		解凍プレート
150分	»	45分

主人が
肉めっちゃ好きなんで、
大活躍してますわ〜

肉や魚の解凍が スピーディな解凍プレート

「肉の解凍忘れとった！」と夕食30分前に気づくこともしばしば（←人間だもの）。でも解凍プレートなら30分で解凍完了。ドリップも出にくく電子レンジのように解凍ムラもできません。自然解凍のハードルが下がります。

＼カチカチの肉をのせる／

Before

＼約30分で解凍！／

After

カッチカチの肉のかたまりをプレートに置いて30分で解凍完了！　熱伝導率がいいアルミニウム合金製と表面積を増やす形状で熱を素早く吸収＆放出します。解凍皿クイッ君／杉山金属

■おいしく解凍できる
■解凍ムラができない
■フッ素樹脂加工で汚れが付きにくい

おすすめポイント

Items 43 みそマドラー

みそ汁作りがラクになる みそマドラー

みその中でくるんと回して、そのまま汁に入れてかき混ぜるだけ。毎日作るみそ汁の味が安定します。菜箸より分量がわかりやすく味がブレません。卵を溶いたりドレッシングを混ぜたりするのにも便利。

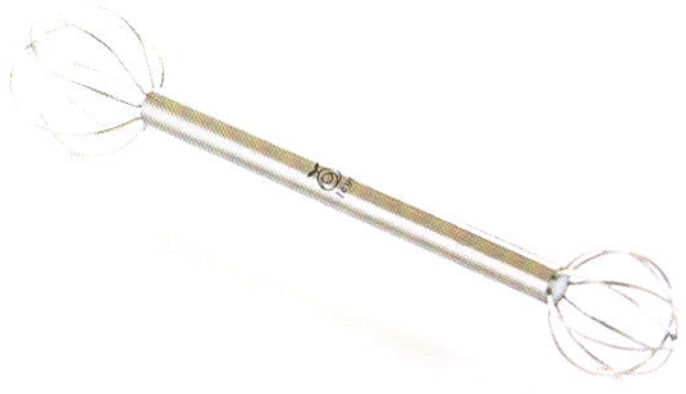

- 小＝１人分、大＝２人分でみそを取り出しやすい
- 汁の中でみそを溶きやすい

おすすめポイント

“大”は大さじ２、“小”は大さじ１のみそを計量できます。ドレッシングを作るなど小さな泡立て器としても使えます。オールステンレス製。レイエ　計量みそマドラー／オークス

- 油がはねてもネットで防げる
- ステンレス製で油汚れも取れやすい

おすすめポイント

Items 44 油はね防止ネット

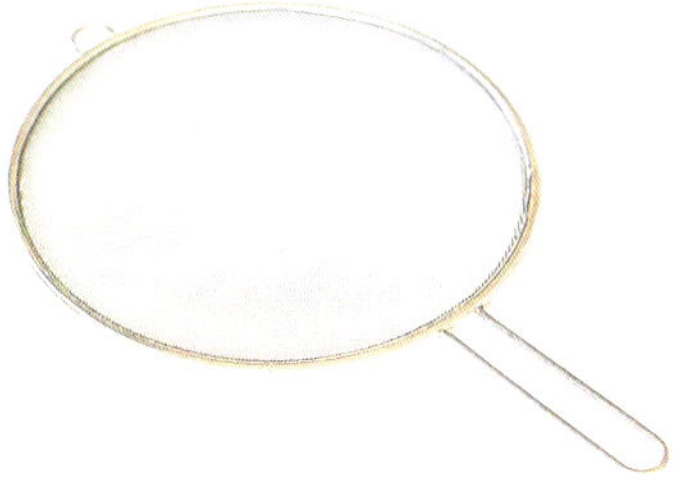

魚介のフライも安心！ 油はね防止ネット

IHレンジ周りにあったガラスのオイルガードを取り外したので、油はねはダイニングの汚れに直結します。揚げ物をするときに油はね防止ネットは必須。やんちゃな油はねをするタコもイカも安心して揚げられます。

業務用の調理器具メーカーが開発した画期的な商品。オールステンレス製で油汚れを洗い流すのもラク。TS18-8キッチンネット／新越ワークス

料理がワンランクアップして見える器を少しずつそろえています

コロンとした形が手になじむお椀

毎日使っているこの汁椀、手の中にすっぽり収まるコロンとしたフォルムがたまりません。石川県・山中塗の器で、表面のツルンとしたうるしの肌触りが最高。天然のケヤキの木目がきれいで使う度にウキウキします。

おすすめポイント

- デザインが洗練されている
- 丸い形が手になじむ

ケヤキの天然木をくりぬいたお椀で世界に一つだけのオリジナルの木目。他にサクラ、カエデ、ナラ、ブナがある。MATEVARI 欅（ケヤキ）椀 ／我戸幹男商店

器が大好きで、よく母と一緒に骨董市に出かけるのですが、器を見ているだけでもワクワクしてきます。私は有名なブランドやから買う、作家さんのやから集める、という選び方はしません。毎日の食卓で使う器はレストランや料亭とは違うと思うんです。日常の雑器は使いやすさが一番。

実家でヘビロテで使っていたのが大分県の小鹿田（おんた）焼。まさに庶民の雑器です。和洋中どんな料理にも合う不思議な器で、わが家にも絶対に必要と思い、中皿とご飯茶碗をネットで探してそろえました。いつか小鹿田に行って実物を見て選んでみたいと思っています。

Items 46

小鹿田焼の器

おすすめポイント

- どんな料理にも合う
- 日常使いにぴったりな丈夫さ

和洋どの料理も映える小鹿田焼の皿

どんな家庭料理もおいしく見える小鹿田焼が大好き。あめ色の中皿は少し深さがあるので汁気がある料理もOK。コバルトブルーの飯碗は白いご飯が引き立ちます。“飛びかんな”という独特の模様が、私のお気に入り。

骨董市で掘り出しものを探すのもめっちゃ好きです！

一子相伝と言われる小鹿田焼の窯元を扱うサイトで選びました。黒木富雄窯　五寸フチ角切立皿（飛び鉋《かんな》・飴《あめ》）、坂本浩二窯　四寸鉢（飛び鉋《かんな》・緑）／みんげい おくむら

使い比べることでわかった ほんとうに使えるスポンジ&ふきん

キッチンのスポンジを使い比べてみたことがあります。「アルミメッシュ」「ウレタンとナイロンの3層スポンジ」「硬質ポリウレタン」という素材違いを2週間。引き続き使いたいと思ったのは「硬質ポリウレタン」のスポンジで、泡立ち、水切れも抜群でした。消耗品は買い替え時に「もっといいかも」という商品を見つけたら、ためらわずに使ってみます。

水切れがよく 型崩れしにくいスポンジ

パックスナチュロンという石けんメーカーのスポンジで、石けん洗剤でもよく泡立つように目の粗い独特の構造が特徴。水切れも抜群です。私はシンクの中もスポンジで毎日洗うので耐久性はとても重要です。

- 泡立ちやすく水切れがいい
- へたりにくく型崩れしない

おすすめポイント

天然石けんが人気のメーカーが開発した硬質ポリウレタンのスポンジ。パックスナチュロン　キッチンスポンジ（ナチュラル）／太陽油脂

Items 48 コットンふきん

水切りカゴ代わりに 綿100%の大判ふきん

カウンターに置いたコットンふきんを食器の水切りカゴ代わりにしています。厚手で保水性が高いので水気がしみ出さず、鍋と食器を置いても問題ないビッグサイズ。食器を拭き上げたら、ふきんは洗濯機へ。カゴがないとカウンターがすっきり片付きます。

デンマークのファブリックブランドで綿100%のワッフル生地。90×50cmの大判サイズで吸水性が抜群。エジプトティータオル(ホワイト)／ジョージ ジェンセン ダマスク

おすすめポイント

- 厚手で保水性がある
- サイズが大きく鍋ものせられる

Items 49 マイクロファイバーふきん

食器拭きにおすすめ マイクロファイバー ふきん

食洗機は食器をセットするのに時間がかかるし、食洗機NGの食器も多いので、結局手洗いの方が早い気がして使っていません。そこで活躍するのが吸水性の高いマイクロファイバーふきん。これさえあれば、食器の拭き上げもあっという間です。

吸水性が高くぬれてもすぐ乾くので、使い勝手がいい。コストパフォーマンスも◎。マイクロファイバータオル／セリア

おすすめポイント

- 保水性抜群で、すぐ乾く
- ガラス製品がピカピカになる

Plan 4

使いやすさを試行錯誤して考え抜いた適材適所のキッチン収納

カウンターの後ろにあるカップボードは扉を開けたらリビングから丸見えになります。だからここは気合いを入れて〝見てもええで収納〟にしています。高所でも取り出しやすいようにアイテムごとに小分け収納にし、アルファベットの自作ラベルを貼りました。そして圧迫感のない白で統一。扉を開けては自分でもほれぼれする、お気に入りスポットです。

Items 50 ふた付きボックス

- 奥行きと深さがほどよいサイズ感
- ふたがあるのでホコリが入らない

おすすめポイント

あまり使わない雑貨を清潔にしまえるふた付きボックス

使用頻度の低いキッチン雑貨をふた付きボックスに収納しています。お菓子作りの道具や、ストロー、スポンジのストックなどもここに収納。他の食器とテイストが違う来客用の“ザ・湯飲み”なんかも普段は使わないので隠し収納です。

- 密閉して防湿できる
- 白いスチールがシンプルでおしゃれ

おすすめポイント

コーヒーや乾物を防湿できるキャニスター

キャニスターを横収納するとデッドスペースがなくなり出し入れ簡単。密閉できるので、湿気を嫌うお茶やコーヒー、かつお節などの食材を入れています。天かすも（←関西人やしな）。

Items 51 防湿キャニスター

普段あまり使わないものをアイテム別収納。ワンステップで取り出せます。（上段）ふた付きの収納ボックス／ダイソー　（下段）紅茶キャニスター（白）防湿缶／はぐら茶屋

Plan 5

消耗品を専用ケースに詰め替えれば引き出しにムダなスペースができません

ラップや洗剤など台所で使う消耗品って結構多いですよね。パッケージも様々でごちゃついてしまうのでスクエア型の専用ケースに詰め替えています。形が統一されてデッドスペースができません。しょうゆやみりんなどの液体調味料は使用頻度が高く、清潔を保つのが難しいので詰め替えをやめました。使い方や頻度など、それぞれの特質を考えて収納を考えています。

切れ味抜群の ラップ専用ケース

ラップやアルミホイルなどは料理に欠かせないアイテムですが、パッケージは意外ともろくて力を入れたら変形することも。専用ケースはカットのときにゆがまないし、刃の切れ味も抜群。入れ替えて大正解です。

生活感が出やすいパッケージが隠せて出したままでも目立ちません。マグネット付きで冷蔵庫などに付けることも可能。ラップホルダー（マグネット付き）／ideaco

おすすめポイント

- かっちりしているので中身がへたらない
- 白いので出したままでも目立たない

Items 53 洗剤詰め替え用ボトル

おすすめポイント
- 洗剤が詰め替えやすい
- 四角いデザインでスペースを有効利用できる

洗剤が詰め替えやすく取り出しやすいボトル

食器用洗剤、漂白剤などキッチン洗剤はキッチンに収納したいのですが、そのままだと形がバラバラ。スクエア型のボトルならムダなスペースができません。1ℓ入るのでお得な「特大詰め替え用」がちょうど入ります。

四角いフォルムで引き出しにムダなスペースをとらないんです

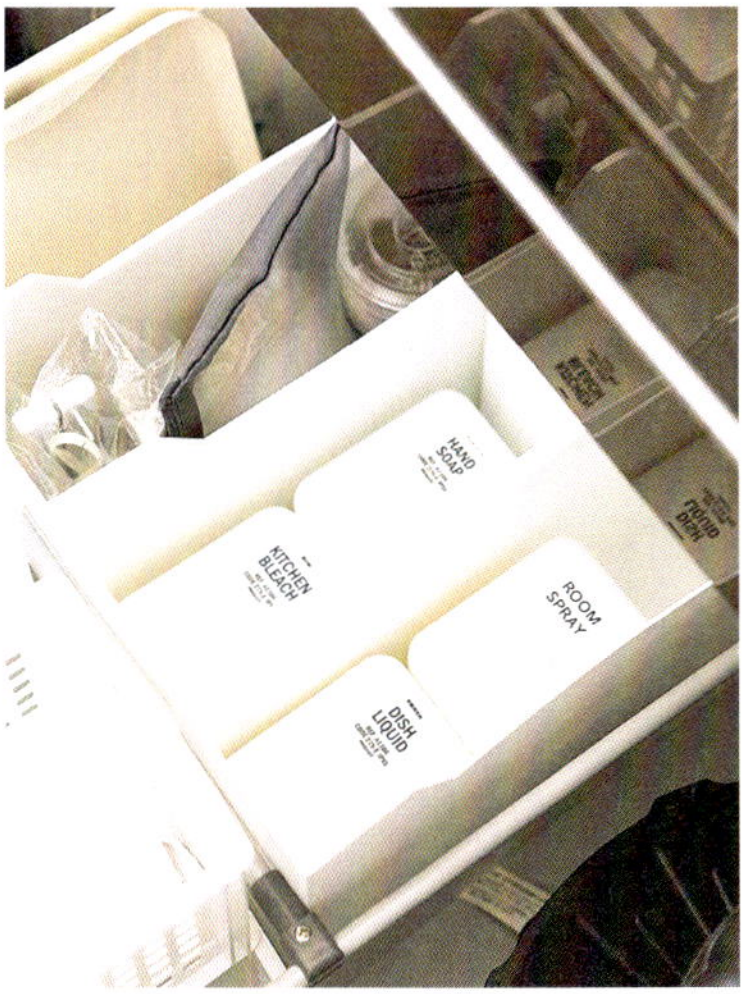

口が大きく詰め替えやすい。ビッグサイズながら凹んだ持ち手があり重くても持ちやすい。ラベルは別売り。四角いストックボトル（1ℓ）／mon・o・tone

Part 3 忙しくても作り置きしなくていいキッチン

同じサイズで中身が見えるスパイスボトル

IHレンジ下のスリムな引き出しにスパイス類をまとめて収納しています。スパイスボトルはスクエアタイプを愛用。ふたをスライドさせて片手で使えるので超便利です。料理に必須なスパイスだけを厳選して並べています。

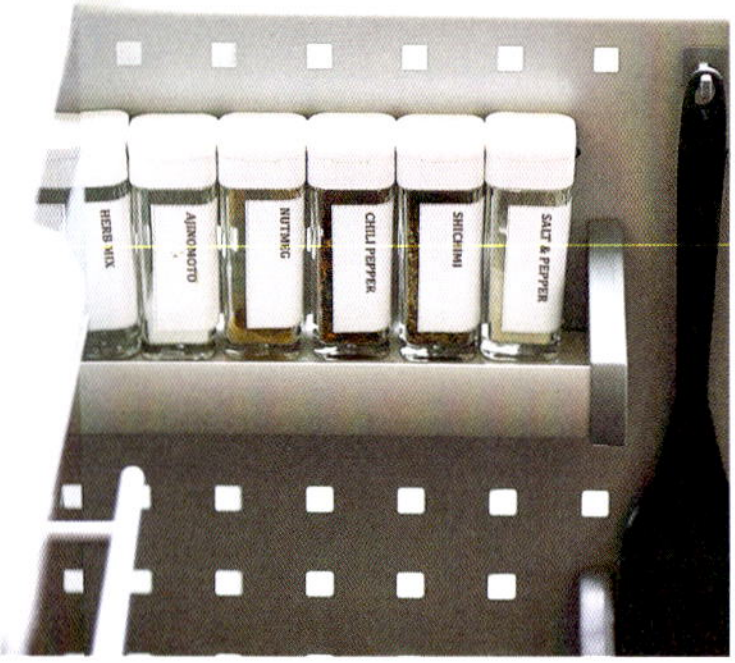

- ふたがスライド式でスパイスを出しやすい
- ボトルが透明で中がよく見える

おすすめポイント

四角いムダのないフォルム。片手で取り出して片手でふたをスライドして使用します。大小の口があり使いたい量の調整もしやすい。

スパイスボトルAQUA／山崎実業

Items 55 ワンプッシュボトル

片手で開けられる ワンプッシュボトル

砂糖や塩などの調味料は人差し指でプッシュして片手で開けられる透明なボトルに入れ替えました。口が広いのでスプーンを出し入れしやすく、1kgの砂糖が入るのも魅力。入りきらずに別で保管するのがイヤだったんです。

おすすめポイント

- 口が広くて手が入る
- 大きい方は砂糖1kgが入る

砂糖、塩などの調味料、昆布などの乾物、お茶はレンジ下の引き出しにストック。片手で取り出してワンプッシュで中身を取れるのでめっちゃ便利になりました。

透明なガラスなので何が入っているか一目瞭然。密閉式で湿気をよせつけません。HOME COORDY ワンプッシュコンテナ（小550mℓ、大1.1ℓ）／トップバリュ（イオン）

Items 56 仕切り付き収納ケース

おすすめポイント

- 軽量で引き出しにぴったりサイズ
- 仕切りの位置を変えられる

引き出しの中が 散らからない 可動式仕切りケース

調味料ボトルはIHレンジ下の引き出しに仕切りが動くボックスを使って収納。入れるものに合わせてスペースを変えられる優秀な収納グッズです。冷蔵庫の野菜室や文房具収納でも使用。

仕切りボックス（深型）／セリア

Plan 6

出しっ放しでも目立たない シンデレラフィットのキッチン小物

キッチン道具は出しっ放しにせず「使ったらしまう」という隠す収納が基本ですが、出しておいた方が使いやすいものってあります。そういう場合は、すき間にちょうど入らないか、同系色で目立たなくできないかを探ります。まさに〝シンデレラフィット〟です。それがうまくいけば出しっ放しでも違和感がなく、存在感も気にならないんですよ。

書類ファイル Items 57

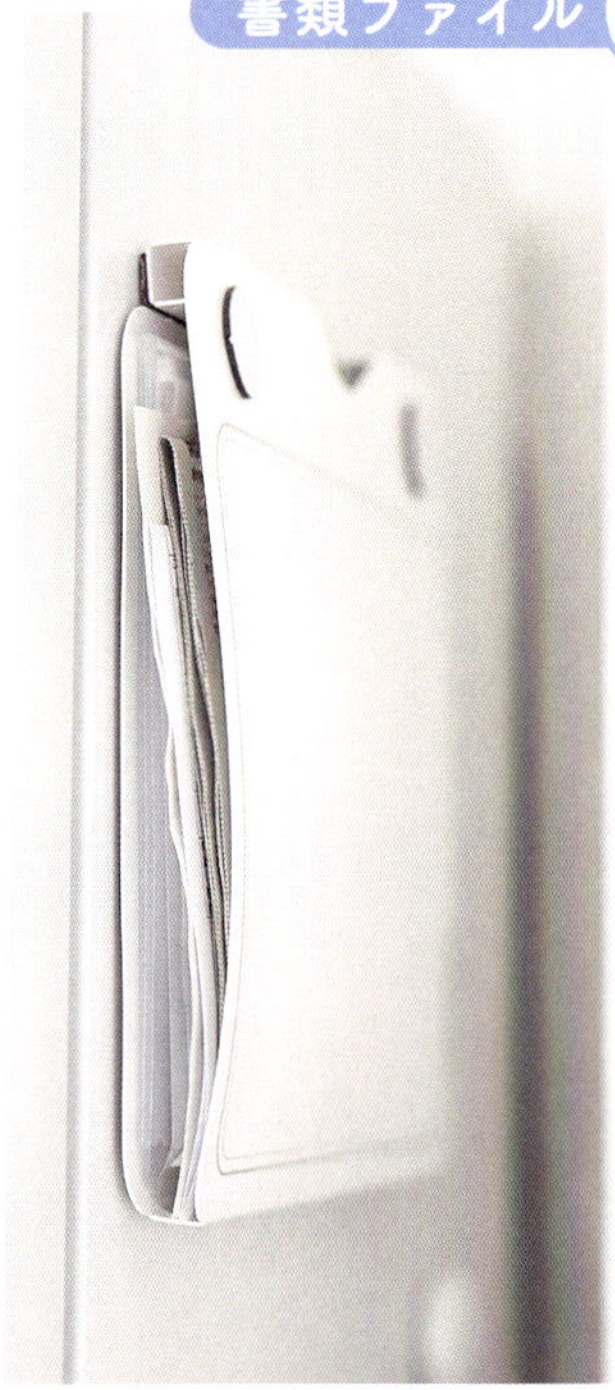

■冷蔵庫にマグネットで付けられる
■白いので目立たない
おすすめポイント

冷蔵庫のすき間に書類を隠し収納

保育園のお知らせなどしばらく保管したいけど、机には置きたくないものは冷蔵庫横のマグネットファイルに収納。真っ白でピタッと冷蔵庫に張り付いて、真横から見たら存在感ナシ。まさにシンデレラフィットです。

白いから
すっかり同化してますやん。
私のように

全面マグネットで表面はホワイトボードとしても使えます。中はA4のクリアファイル。スキットマン 冷蔵庫ピタッとファイル(見開きポケットタイプ)/キングジム

Items 58 **コンテナ**

- スタイリッシュでキッチンのごちゃごちゃが隠せる
- 扉の開閉が片手で簡単にできてラクラク

おすすめポイント

ステンレス製でしっかりしたフォルム。扉は手前に開閉できるので上にものを載せられます。フォールフロント ブレッドビン（ホワイト）／ブラバンシア

雑多なものが隠せる 開閉しやすいコンテナ

パンや開封済みのスナック菓子などのこまごまとしたものを収納するためにステンレス製のコンテナを使用しています。扉が手前に開閉できて、パン１斤がそのまま入る高さがちょうどいい。カウンターの奥にピッタリフィットして大きさの割に目立ちません。

サッと取り出して、
サッとしまえるから
ラクチンですよ

Memo

用途別に「〇〇セット」を作って「あれどこにある？」を解消

忙しい朝や来客時にすぐに食材やお茶を出せるように用途別にカゴにセットしています。用意しているのは「パンセット（バター、ジャム）」「ご飯セット（梅干し、ふりかけ）」「お茶セット（急須、茶碗、茶たく）」です。

キャスター付きゴミ箱

- 隠しキャスターで引き出しやすい
- ふた付きでにおいがもれない

おすすめポイント

大容量なのに縦長スリムなキャスター付きゴミ箱

新築時に備え付けだったゴミ箱が壊れたので新しいものに買い替えました。ムダをそぎ落としたスリムなデザイン。底面にある隠しキャスターで出し入れもスムーズ。ゴミ箱ステーションが前より格段に進化しました。

ふた付きダストボックス。4輪の小さなキャスター付き。容量36ℓでポリ袋は45ℓ対応。kcudシンプル スリム（ホワイト）／岩谷マテリアル

Memo

ゴミ箱の横に自家製“ゴミ袋ホルダー”をセット

ゴミ箱を新調したタイミングでゴミ袋置き場も再考しました。書類ケースに無印良品のハンギングホルダーをセットし、ゴミ袋をかぶせるだけ。サッと取り出しやすく、ゴミ箱横にあるので動線にムダがなくなりました。

使うところに置くのが基本ですね

Items 60 ふきんホルダー

おすすめポイント
- ワンタッチでふきんを掛けられる
- コンパクトで存在が目立たない

ワンタッチで着脱できるふきんホルダー

目立つタオルハンガーがイヤで探し出したのが、スウェーデン生まれのワンタッチホルダー。ふきんの着脱がラクで存在感のないデザインが好き。ダイニングから見えない使いやすい位置に設置でき、ふきんの特等席はココで決まりです。

ゴムの穴にプッシュするだけのシンプルなデザイン。粘着式なので場所を選びません。スウェーデンのデザイナーが考案。プルリング（クロムメッキ）／カミラ・ユングレン

場所を選ばすどこにでも付けられるスグレモノなんやで〜

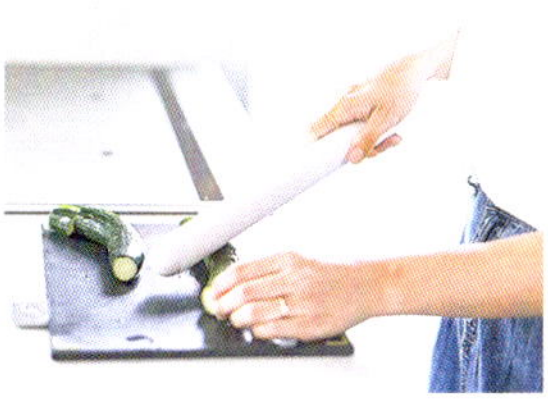

ワーキングママになって感じるほんとうの料理の時短テク

仕事をしながらの食事作りって大変です。私もブームにのって週末に作り置きして容器を並べては満足したこともありました。でも主人が「今日はさっぱり系やな」とか「温かいものの気分ちゃうな」とか言わはるんで。疲れている主人に食事でテンションを上げてもらいたいので、作り置きはわが家には、しんどいだけでした。

　何より週末は家族でゆっくり過ごしたいので、家事に時間を取られるのはもったいない。だから平日のすき間時間で完結できるようなものしか作りません。朝、下準備をして帰宅してからの調理時間は30分。煮物は朝作った方が味がしみておいしいですよね。

　夫や子どもには体にいいものを食べてもらいたいと思っています。娘のおやつはなるべく焼き芋や果物などの素材自体がおいしいもの（市販のおやつも食べます）。そんな素材を生かした料理って、実はシンプルで時短メニューになるんです。

「魚大好き！」なわが家の究極時短メニューを紹介します

鯛を焼いて炊くだけ！

鯛めし

■ 材料

鯛（うろこと内臓を除く）…1尾
米…2合
昆布…5cm
塩…適量
酒…大さじ1
しょうゆ…大さじ1

■ 作り方

1. 昆布は2カップの水につけ、だしをとる。米は洗ってザルに上げる。鯛は塩を振り、こんがりと焼く。
2. 鍋に米と昆布だしを入れ、昆布を敷いて❶の鯛をのせ、酒としょうゆを加え、強火にかける。
3. 沸騰したら弱火にし、15分で火を止める。

海でゲットしたり友人からいただいたりして食べきれなくて冷凍保存した魚を使います。焼いてから炊き込むとおいしさ倍増です。

きゅうりを切ってもむだけ！

やみつききゅうり

■ 材料

きゅうり…1本
とりガラスープの素…小さじ1
ごま油・白すりごま…各小さじ1
塩…少々

■ 作り方

1. きゅうりは塩を振って板ずりし、軽く洗ってから食べやすい大きさに切る。
2. ポリ袋に❶と調味料を入れ、軽くもむ。

ボウルを使わないので片付け時間を短縮。きゅうりが大好きな娘は私が調理している間、きゅうりを丸かじりしながら小躍りしてます。

鯛を焼いて炊き込んだだけの手抜き料理なのに豪華。「魚焼くだけ」「肉焼くだけ」って、めっちゃ時短できます。黒いホーロー鍋も和食になじんでますやろ。

Part 4

汚れを見つけたら放っておけなくなるお掃除グッズ

以前はしょっちゅう漂白剤で浸け置きしていましたが、子どもが生まれてからは掃除にばかり時間を割くわけにもいきません。優秀な掃除グッズを選んで上手に手抜きするようになりました。「汚れが少ないうちに掃除する」のが基本です。ちょこちょこ掃除を続けることで、大掃除の必要がなくなりました。

Plan 1

道具にこだわることで嫌いな掃除が苦にならなくなりました

掃除は思いっきり道具に頼りたいと思っています。質のいい道具があると不思議と掃除のモチベーションが上がります。「羊毛のふわふわ気持ちええわ」「ルンバ君めっちゃがんばってくれてるわ〜」ってね。

平日は道具に頼って時短掃除をして週末は家事をお休みです。趣味をしたり子どもやワンコを遊びに連れて行ったりして家族の団らんに費やしています。

持つだけでテンション上がる ふわふわ羊毛はたき

毎朝、ロボット掃除機のスイッチを入れる前に棚や階段のステップや手すりなど家中のホコリを羊毛はたきで落とします。羊毛のふわふわな毛が細かいホコリをからめとります。ブラシ本体が軽いので腕が疲れません。

- 柔らかい羊毛がすき間に入り込む
- 片手でも軽量

おすすめポイント

ドイツの老舗ブラシメーカーの羊毛はたき。ふわふわの羊の毛は家具を傷めずにホコリを落とします。天然羊毛100%のはたき／レデッカー

Item 62 ロングやぎ毛ブラシ

手が届かない
場所の掃除が
ラクチン！
脚立もいりませんわ

照明の掃除が楽しくなる
ロングなやぎ毛ブラシ

吹き抜けにあるスポット照明やシーリングファンなど手が届かない高所の掃除に持ち手が長いブラシを愛用しています。ブラシ部分に少し角度があり掃除したい箇所にフィット。天然のやぎ毛なので家具を傷つけません。気がついたときにすぐ掃除できるので、ホコリがたまる暇なしです。

おすすめポイント

- 柄が長く高所を掃除できる
- しっかりした毛先でホコリを落とす

天然のやぎの毛が照明などの凸凹に入り込んでホコリを落とします。長さがあるので吹き抜けのある部屋の高所掃除に大活躍。高所用ほこり落としブラシ／レデッカー

- ガンコな汚れをスチームの力で落とす
- じゅうたんにも使えてにおいが取れる

おすすめポイント

汚れもにおいもサヨナラ！ 効果抜群スチーム掃除機

ワンコと小さな子どもと裸足で歩き回る主人がいるわが家の床掃除に欠かせないのがスチーム掃除機。蒸気がよだれ、食べこぼし、足跡汚れを落とし、除菌、消臭をしてくれます。ラグやタイルカーペット掃除にも使います。

本体に水を入れてしばらくしたらスチームに。スチームモップベーシック／シャーク

布は取り外し可能で、使用後は洗って干しておきます。

フローリングにこびりついた食べこぼしが驚くほどキレイに。ラグは蒸気を掛けると毛先がふわふわに生き返ります。水蒸気のみで洗剤は使わないので、子どもがいる家庭でも安心。

Items 64

折りたたみ式バケツ

■蛇腹式で収納に場所をとらない
■シリコン製で軽い

おすすめポイント

主張しすぎない
色も気に入ってます

室内で使っているスクエア型はキッチン後ろにあるカップボードの引き出しに収納。折りたたむと、こんなにコンパクトに。一番奥のデッドスペースのすき間にぴったり。

置き場に困らない 折りたためるバケツ

バケツって、かさばって置き場に困りますよね。私はずっとシリコン製の折りたたみ式を愛用しています。丸いバケツは玄関の掃除や靴の洗剤浸け置き、水槽の水替えに。スクエア型は室内用でぞうきんを洗ったりする洗い桶として活躍します。

外用の丸いバケツには引っ掛ける穴があるので倉庫に引っ掛けて収納。シリコン製。(左)折りたたみソフト洗い桶、(右)折りたたみソフトバケツ/Asuwish

2WAYワイパー Items 65

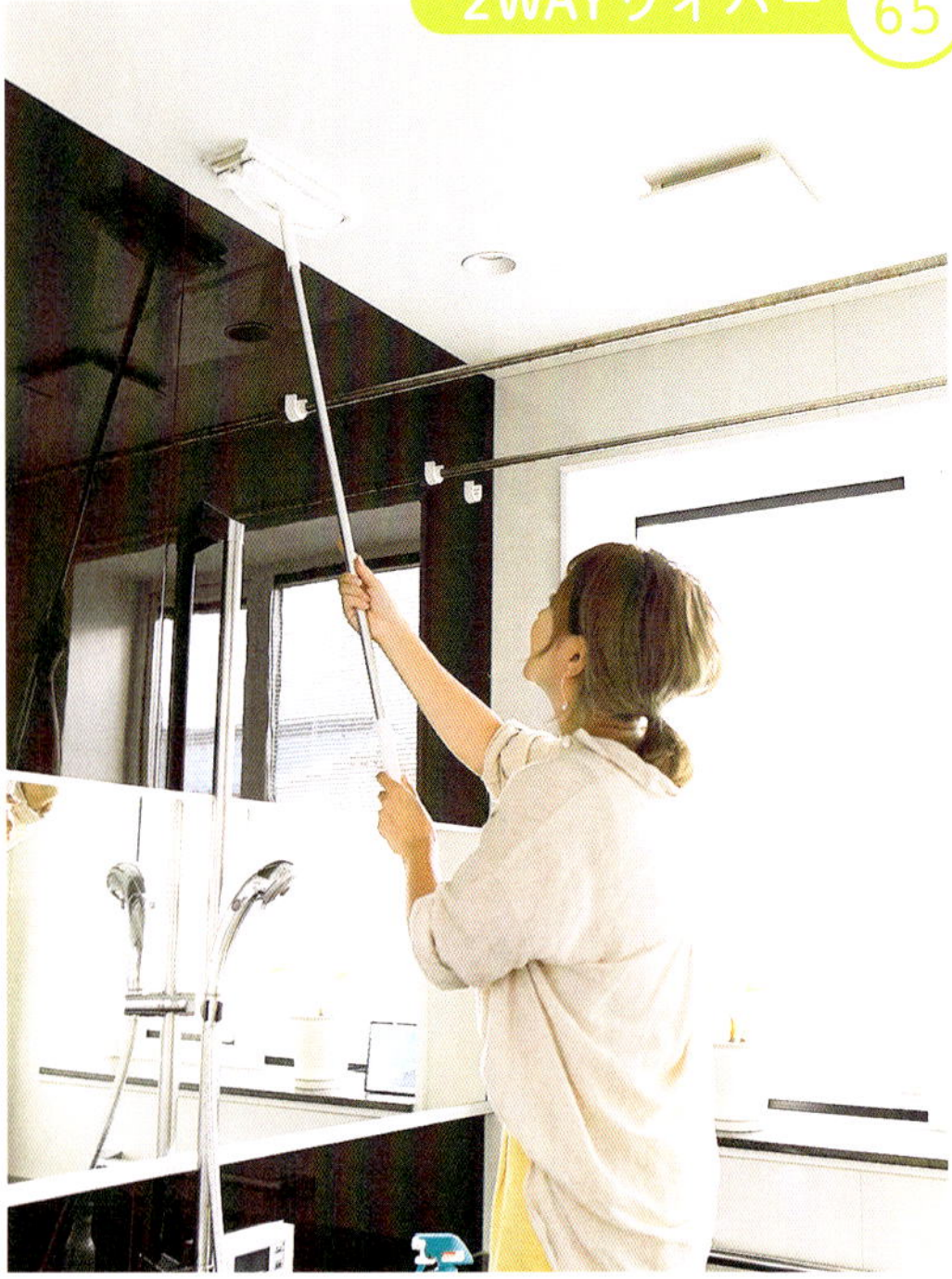

使い捨てシートもぬれたぞうきんもストッパーでワンタッチで固定できます。持ち手はアルミニウム合金。激落ち2WAYワイパー／レック

- 薄手のペーパーも厚手のぞうきんも挟めるストッパー
- 180度回転の柄で天井の掃除がラクラク

おすすめポイント

布ぞうきんも紙も使える2WAYワイパー

お風呂の天井掃除法を紹介します。まず塩素系漂白剤を吹きかけたペーパーをワイパーにセットして、天井を拭いて5分放置（マスクやメガネしてな）。水を含ませたペーパーで洗剤を取り、乾いたぞうきんで水分を拭いて完了。この2WAYワイパー、使えまっせー！

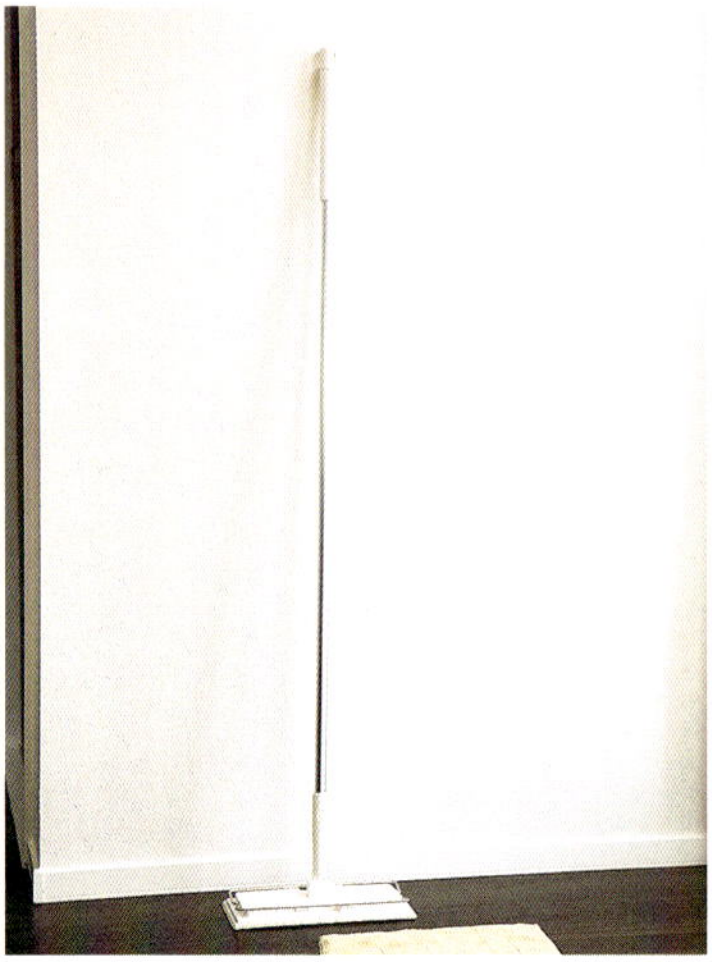

Memo

掃除に便利な水でぬらして絞って使えるキッチンペーパー

愛用しているキッチンペーパーは水でぬらしてもしっかりしていて、絞っても破けません。水に強いので調理だけでなくお掃除でも大活躍。ワンコのよだれ拭きや、床掃除、漂白剤掃除などにおすすめ。繰り返し使えてコスパがいいのも◎。

スコッティファイン洗って使えるキッチンペーパー／日本製紙クレシア

Items 66

窓用ロングワイパー

- 手が届かない高所窓を掃除できる
- 柄が収縮するので収納に困らない

おすすめポイント

最大2.5mまで伸びます。室内のガラスはスポンジ部分を乾き気味にしてふきふき。脚立にのれば2階の窓にも届きます。汚れが気になるときは中性洗剤を薄めた水を使用。

高い窓掃除に大活躍！ロングワイパー

吹き抜けの窓掃除はロングワイパーを使用。このときばかりは主人の出番です。スポンジ部分に水を含ませてガラス全体をぬらし、反対側の水切りゴムでスクイージーのように水分を拭き取るだけ。窓がピッカピカになります。

スポンジ部分とスクイージー部分がある窓ガラス専用ロングワイパー。スクイージーのゴムが拭きムラを残しません。普段はウッドデッキ下に収納。ALワイパー36／テラモト

マイクロファイバークロス Items 67

手あか汚れが取れる マイクロファイバークロス

鏡面仕上げの家具やステンレスは指紋や汚れが目立ちます。いろんな掃除法を試した結果「マイクロファイバークロスでから拭き」というシンプルな方法が一番キレイになるという結果に。マイクロファイバーの無限の可能性を感じます。

- 水拭きは吸水性がよく、水切れもよい
- から拭きでも汚れ落ちがスゴイ

おすすめポイント

鏡、ガラス窓もマイクロファイバーふきんでから拭きするとピカピカに。ふきんの厚さ、サイズ感ともに他とはひと味違う使い勝手のよさ。スコッチ・ブライト ワイピングクロス（業務用）／3M

クロススポンジ Items 68

ふきんとスポンジの いいとこ取り！ クロススポンジ

洗面所やお風呂掃除には布型スポンジを使っています。メッシュ状で泡立ちがよく、乾くのが早くて衛生的。コンパクトなサイズでいつも手の届くところに吊るしておき、洗剤がなくてもさっと拭くだけでキレイを保てます。

- スポンジの機能を持ったふきん
- 洗剤がなくても汚れが落ちる

おすすめポイント

素材違いのスポンジが2枚セット。（グレー）ナイロン、アクリル、ポリエステルの混紡で頑固汚れに。（ホワイト）ナイロンと綿の混紡で柔らかいので食器洗いに。SOMALIクロススポンジ／木村石鹸

Items 69

シンクのコーティング剤

- コーティング作業が簡単
- 3年間汚れが付きにくいスグレモノ

おすすめポイント

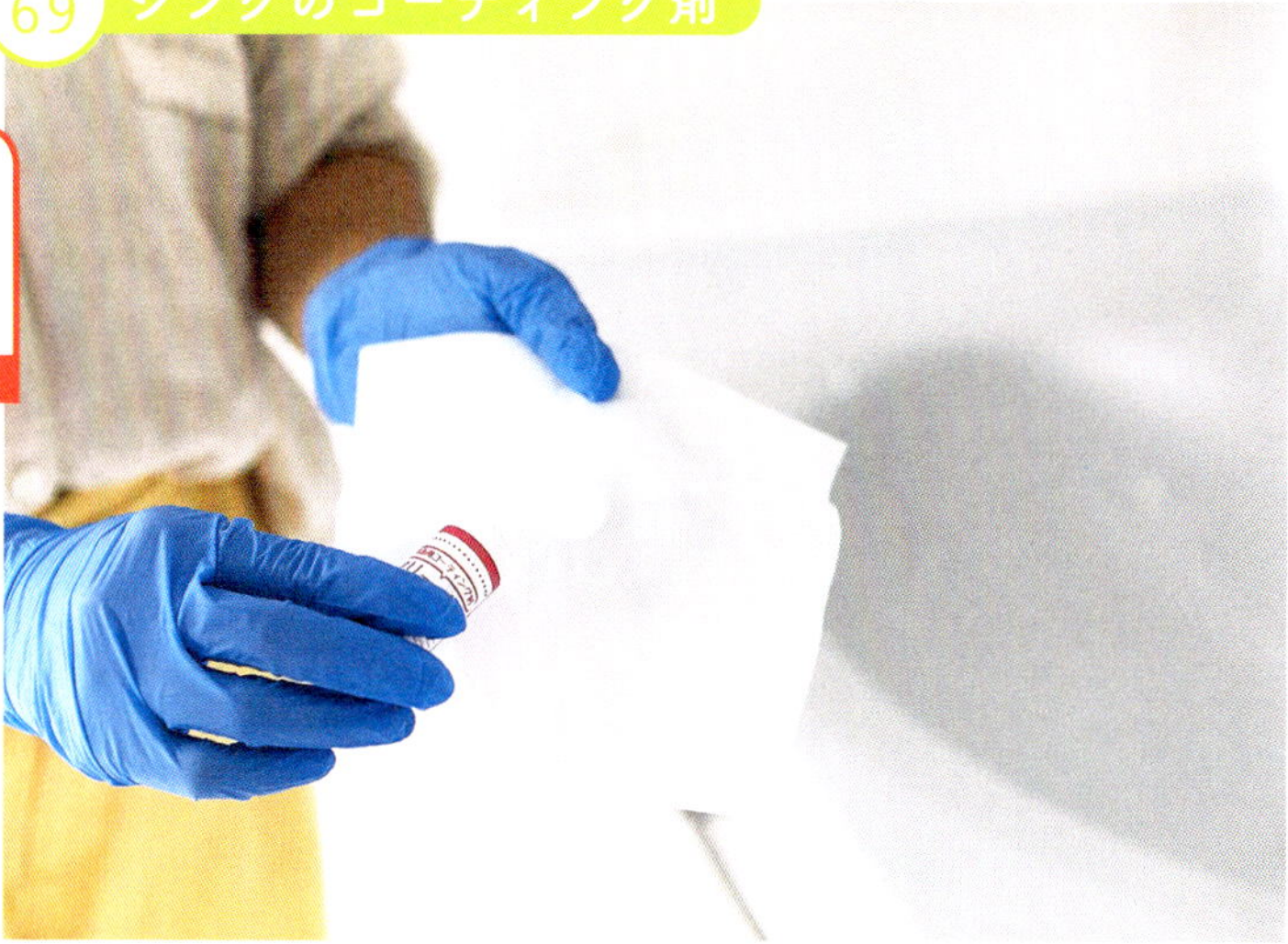

洗面所の汚れをはじく！ 驚きの3年コーティング

水回りの掃除が一気にラクになるアイテムを見つけました。洗面所やバスタブ、キッチンのシンクなどに塗っておくだけのコーティング剤です。水滴をはじき、水あかも汚れも付きにくくなりました。新築のときに知ってたら、どんなによかったか！

もともとプロ仕様だったものを家庭用にアレンジしたもの。コーティング効果は3年維持します。洗面用コーティング剤（クリーナー付）／和気産業

コーティングの仕方を紹介します。①いつも通りスポンジで汚れを落とす。②付属のクリーナーで洗い流し水気を拭き取る。③クロスにコーティング剤をつけて洗面ボウル全体にたっぷり塗り3時間放置で完成。

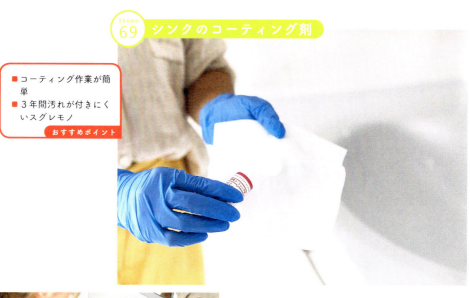

毎日工夫してたどり着いた住居洗剤とズボラー的掃除テク

重曹
油、皮脂、手あかなど酸性の汚れに使います。研磨剤としても使用。脱臭効果も。

酸素系漂白剤
キッチンのがんこ汚れ、水あかに。「オキシクリーン」を愛用。

アルコール
除菌作用があり、食品もOK。冷蔵庫やトイレに使用。「パストリーゼ77」を愛用。

クエン酸
水あか、石けんかす、尿汚れなど、アルカリ性の汚れのときに使います。

セスキ炭酸ソーダ
油、皮脂や血液などのタンパク質汚れに威力を発揮。重曹より強力。

普段使う住居洗剤はこれだけ！

なるべくナチュラル洗剤を使うようにしています。特にセスキ炭酸ソーダは万能。小さじ1のセスキを水500mℓで溶かした「セスキ水」を作りスプレーボトルで常備。重曹の10倍強いアルカリパワーで洗浄効果を発揮。

掃除洗剤には「床用」「トイレ用」「排水口用」などいろんなタイプの商品がありますが、私は"○○専用洗剤"を持っていません。重要なのは場所ではなく汚れの正体を探ること。「油汚れ」「タンパク質汚れ」など原因がわかればそれを落とすための洗剤を選んでちょこっと掃除をするだけ。毎日のプチ掃除のおかげで年末の大掃除がいらなくなりました。

洗剤の詰め替えボトルは口が広いものをセレクト

住居用洗剤は大容量の詰め替え用を買うことが多いので、詰め替えボトルも2.5ℓサイズをセレクト。ボトルの口が広いと詰め替えがラクで使うときも便利です。

黒いふたのキューブキャニスター／mon·o·tone

放置するだけ！ 重曹＆クエン酸の排水口のぬめり取り

排水口のぬめりやにおいが気になったら定期的にナチュラル洗剤掃除をおすすめします。

①排水口全体に重曹を振りかけてから、クエン酸水（水１カップにクエン酸大さじ１）を入れる。

②シュワシュワ〜という発泡が汚れを浮き上がらせるので、しばらく放置。

③水で洗い流すとぬめりがすっきり。

Items 71

髪の毛キャッチャー

ユニットバス用ヘアキャッチャー／三栄水栓

お風呂の髪の毛を勝手にキャッチ

お風呂の排水口の汚れ掃除ってちょっとイヤですよね。そんなあなたに朗報（←だれ？）。渦巻き型のデザインが特徴のヘアキャッチャーで、排水口に流れ込む水流でひとりでに中央に髪の毛が集まります。排水カゴに絡みやすくて取れにくい髪の毛が、くるくると丸めて取りやすくなるので、重宝しています。

朝のルーティン

朝食後に
10分でできる
「朝活掃除」

子どもが機嫌のいい朝が勝負です。光の速さで洗面所とトイレを掃除しまっせ！　もう毎日しているから無心で修行僧のように体が動いてしまいます。「毎朝ちょこっとキレイ」を実践すると、よい1日がスタートできる気がします。

1 トイレの便座を拭いて そのまま床もふきふき！

汚れが気になるときは
便器内も掃除します

朝起きてトイレに行ったついでに、トイレ掃除。トイレットペーパーにアルコールを吹き付けて便座をふきふき。そのまま床も拭いて、トイレットペーパーを流します。

2 グリーンや花の 水遣り&水替え

トイレ&洗顔の
ついでに
スタート！

洗面所掃除&水替えは
1階も2階も！

洗面所や窓辺に飾ってある観葉植物を洗面所に集めて水替えをします。花を生けてある場合は花瓶の水を替えて花の水切りも。花や緑が生き返ると、自分も生き返る感じがします。

3 洗顔のついでに洗面所をクロススポンジで掃除

洗顔のついでに洗面所の掃除。クロススポンジに洗剤をつけてシンクと蛇口をあわあわ掃除。水で洗い流したら固く絞った布で拭き上げます。ついでに鏡も拭いちゃいます。

コーティングしてあるから
汚れが少ないときは
さっと拭くだけでキレイ！

4 羊毛はたきで家じゅうのホコリを落とす

歩きながらあちこちの
ホコリをパタパタ～

ハンドタイプの羊毛はたきで棚の上や階段など、家じゅうのホコリを落として回ります。それはバレエダンサーのように優雅に楽しく、ホコリが落ちるのを実感しながらパタパタパタ。

5 床掃除はロボット掃除機にお任せ

スイッチON！
お化粧して
出かける準備やで～

床に落ちたホコリはロボット掃除機にお任せ。気兼ねなく動き回れるよう、床に何も置かないのが鉄則です。ワンコの抜け毛があるので掃除機のゴミ捨てはこまめにします。

夜のルーティン

夕食後に
10分でできる
「キッチンリセット」

キッチンのキレイを保つコツは１日１回キッチンをリセットすること。「面倒くさっ！」と思うことでも習慣づけてしまうと、やらないと落ち着かなくなります。毎日のことだから簡単がいちばん。使うのは食器用洗剤とセスキ水だけ。10分でやっちゃいましょう〜。

1

洗剤ボトルやカゴも
洗いまっせ！

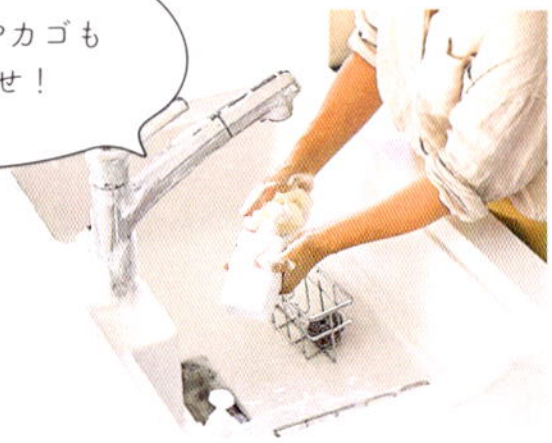

シンクも調理台もまるっと洗剤であわあわ洗い

スポンジに洗剤をつけてキッチンカウンターからIHレンジの上まで、あわあわ掃除。そのままシンクの中へ。蛇口、カゴ、洗剤ボトルもまるっと全部洗います。

シンクの洗剤を洗い落とす

2

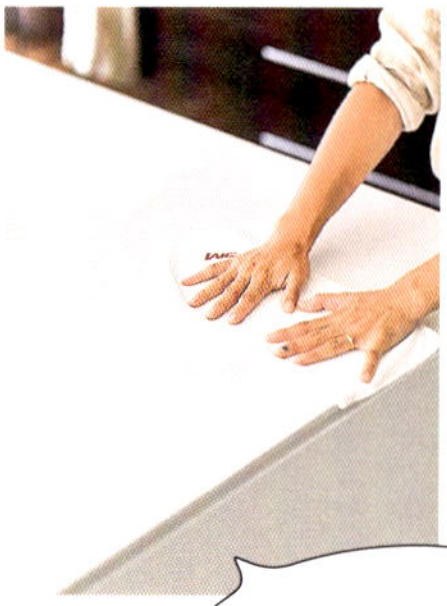

食器を洗い終えたら
スタート！

調理台は泡を
拭き取ります

シンクの中のあわあわを水シャワーでシャーッと洗い流します。カウンターやIHの上の泡は、ふきんの上に両手をのせて体を動かしながらサーッと全体を拭き取ります。

3

2～3回の水拭きで
洗剤分を拭き取り

カウンターは水で流せないので、ふきんで水拭き。ふきんを水で洗っては拭いてを2～3回繰り返します。最後に固く絞ったふきんで、全体の水分を拭き取ります。

換気扇の油汚れを
セスキ水でピカピカに

4

ふきんにセスキ水を吹きかけて、換気扇周りを拭きます。油汚れがスッキリ取れるので、ステンレスがピカピカになります。

排水ネットに
アルコールをかける

5

排水口と排水ネットにアルコールをシュシュッとスプレーしておきます。これだけで除菌OK。雑菌の繁殖を防ぎ、ぬめりが付きにくくなり、イヤなにおいとも無縁です。

終了！
ここまでやれば
朝起きたとき
気持ちいいですよ～

6

床もセスキ水で
拭いてスッキリ！

最後に床にセスキ水をシュッとスプレーしてキッチンペーパーで拭き掃除。これをするとツルンと新品のような床になります。キッチンペーパーはゴミ箱へ。

Plan 3

掃除もちょこっとお出かけもできる「ワンマイルウェア」なら服選びに悩まない

肌触りと、動きやすさを重視！
春〜夏のワンマイルウェア

春夏は直接着ても心地よい素材のトップスを選びます。肌触りのいいコットン100％生地がお気に入り。特にワッフル生地は真夏でもめっちゃ快適です。帽子は夏のお出かけの必須アイテム。

革のバッグを組み合わせてお出かけ気分をプラス

外出 ≪≪≪≪ 部屋着

ワッフル素材のトップスが抜群に心地よい！

服がカジュアルだからこそ、しっかりめの革のショルダーバッグでお出かけ気分をプラス。子連れで出かけるときは両手が使えるので便利です。

春はTシャツ、真夏はノースリーブで過ごすことが多いですね。ワッフル地はジャブジャブ洗濯してもシワが気にならないのがいいところ。

家で過ごすときってどんな格好をしていますか？　私はすっぴん＆パジャマでいるとぐーたらモードが抜けなくて〝やる気スイッチ〟が入りません。だから朝起きたらまず、メイクをするようにしています。そこにお気に入りのアクセサリーをつければ、「シャキーン」です。

次にパジャマから〝ワンマイルウェア〟に着替えます。家事をするにも気兼ねない普段着で、突然の宅配便の受け取りやゴミ出しもOK。バッグや帽子などのファッション小物をプラスすれば保育園のお迎えや買い物もこのまま行けちゃいます。

インナーとコートを組み合わせて体温調節

秋～冬のワンマイルウェア

「一年中春のよう」というコンセプトで建てられた家なので、冬でも家の中はポカポカと暖か。家では薄手のシャツで過ごします。寒いときはインナーシャツとレギンスをプラスすれば快適です。

ロングコートにブーツでフェミニン感をプラス

ボーダーのコットンシャツなら何を組み合わせてもキマる！

外出 ≪≪≪≪ 部屋着

普段着はシンプルでもフェミニンなアイテムをプラスすることで一気に華やかになります。コートやアクセサリー、ブーツなどで大人の女性らしくコーデ。

秋冬のトップスは主にボーダー柄とタートルネック。ボトムスは1年を通して動きやすくて、どんなシャツにも合うワイドパンツです。もちろんウエストはゴム。

Memo

セール品の服は要注意！

アパレル店員だった経験から買い物の注意点を伝授します。まずセール品は要注意。もともと安価なものが安くなっていたり、セール用に縫製の悪いものが紛れ込んでいたりする可能性があります。「安い」というだけで買いすぎるし、愛着がわかず結局着ないことも。季節の先取りしすぎもオススメしません。何カ月もタンスの肥やしになったあげくに、素敵な新作が店舗に並び出しますよ。お気に入りを探すのに焦りは禁物です。

ワンマイルウェアって？

家から1マイル（約1.6km）くらいの範囲で着る服。部屋着と近所へのお出かけ着との中間的な服のこと

Plan 4

忙しくてもオン&オフを大事にしたい わが家のタイムスケジュール

出産後に仕事を再開して変わったと感じるのは、自由に使える時間が減ったこと。前みたいに家でまったり過ごすわけにはいきません。「昼までにあれやって、仕事に行こうかな」と、一日のプランをイメージしてから動くようになりました。

子どもが歩けるようになってますます目が離せないので、最低限やるべきことは守りつつ、うまいこと手抜きしています。切り替えがすっごく大事。家族と過ごす時間を今まで以上に大切にするようになりました。

ブログ用の写真は愛用のデジカメで！

1日のタイムスケジュール

- 6:00 起床「朝活掃除」
- 6:30 パパと子ども 起床 ルディの散歩
- 朝食用意
- 7:00 朝ごはん・保育園準備
- 8:40 パパ出勤&保育園へ送る
- 9:00 片付け・掃除
- 10:30 出勤・仕事スタート

朝活掃除はスマホに触らず一気にやります！

保育園の準備と登園もパパがしてくれはるようになりました

図鑑とアンパンマンに
はまってます～

娘のお迎えから、
夕食の準備までが怒濤の
慌ただしさです(;゜ロ゜)

17：00	保育園のお迎え
17：15	ルディの散歩
17：30	娘を風呂に入れる
19：00	夕飯の準備・夕飯
20：00	片付け
	「キッチンリセット」・洗濯
21：00	娘の歯磨き・寝かしつけ
22：00	自由時間
22：30	就寝

睡眠を
しっかり取るため
就寝時間は
しっかり守ります！

キッチンリセットの間は
パパと子どもの
お遊びタイムです

一番のリラックスタイム。
寝かしつけに手こずり
この時間が取れない
こともしばしば……

Column

ワンコがいても子どもがいてもキレイを保つコツ

「子どもがいると部屋が散らかりませんか？」とよく聞かれます。もちろん散らかります！　子どもと2〜3時間家で過ごすだけで、おもちゃやら食べこぼしやらで、家の中がメチャクチャです（涙）。まさに現実……。

いちいち片付けてもイタチごっこなので、神経質になりすぎないよう、おもちゃの片付けは1日2回と決めています。朝、家を出る前と、寝る前だけ。ワンコの抜け毛は気づいたときに粘着テープでササッとそのつど。それだけです。

きちんと整っているのは「朝活掃除」と「キッチンリセット」のときだけ。それも子どもの機嫌に合わせて。「調子が悪いなあ」「朝から抱っこやな」っていうときは、割り切って家事はせず子守りに専念です。子どもが小さいうちは「しゃーない！」と、自分に言い聞かせています。きっちりやるだけでなく、気の抜き方も考えたいですね。無理しないこと、これまた大事です。

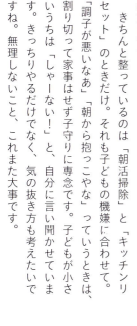

Part

5

シンプルで機能性のある子育てグッズ

娘は２歳になりました。この２年の成長を見ると、大人以上のスピードで必要なものが変わるのを実感しています。ベビーベッドはお古をいただきましたが、１歳になる前に使わなくなり、知人に譲りました。服もすぐに着られなくなります。子どものものを選ぶときは、慎重に機能性を重視。そして常に見直す必要があると思います。

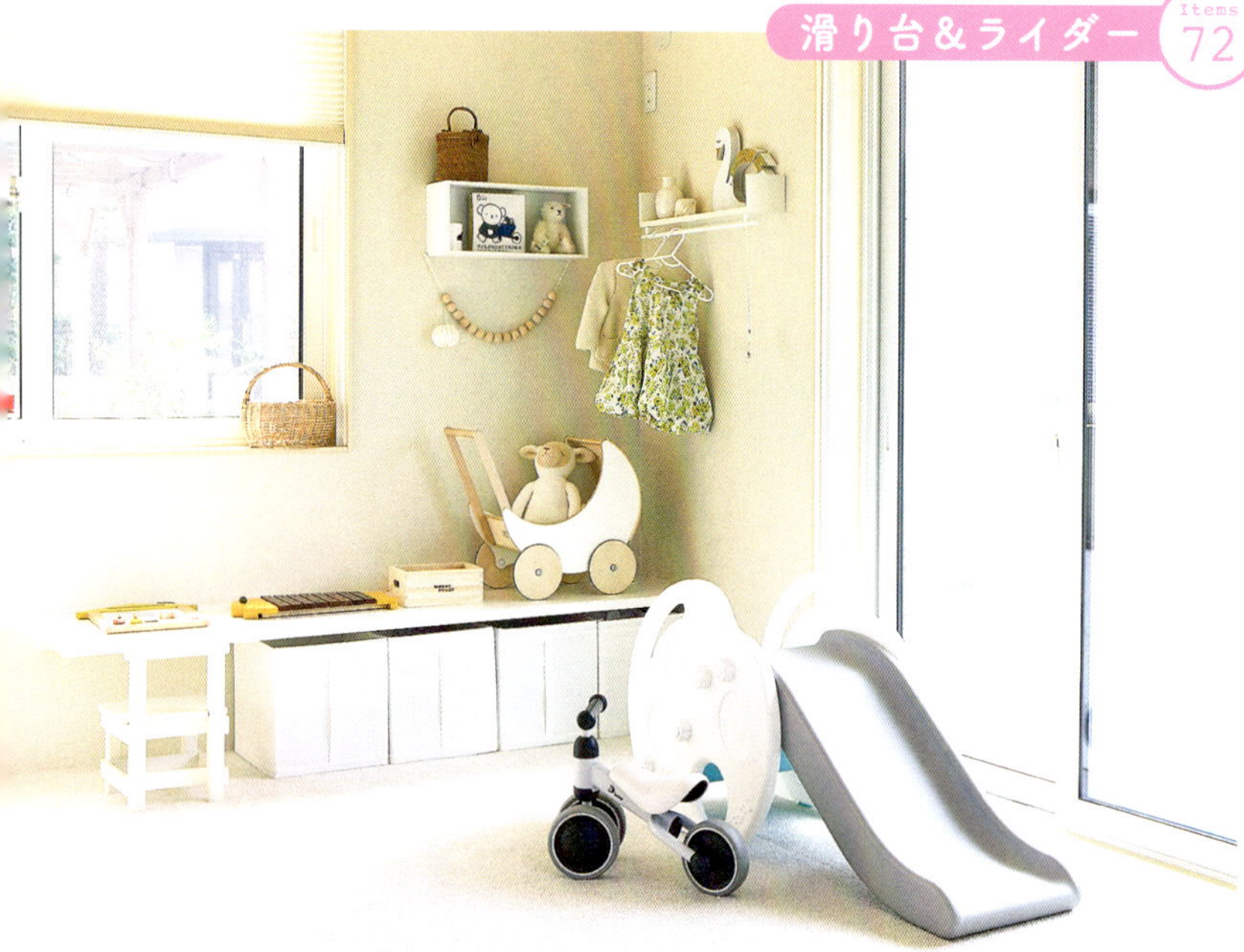

Plan 1

インテリアになじむデザインを選べば 出しっ放しでも気になりません

1階の和室を子ども部屋として使っています。いつも扉を開けているのでリビングからは丸見え。出しっ放しで使う子どもグッズはシンプルなものを選び、他の部屋と違和感がないようにしています。とはいえ、娘はアンパンマンにどハマり中で、帰宅した途端に引っ張り出して遊び始めます。そんなハデな色合いのおもちゃは普段は引き出しに収納しています。

モノトーンカラーの滑り台&ライダー

娘のお友達が遊びにきたら、“取り合いになる率100％”の滑り台。白とグレーの落ちついた色味なので部屋になじんで大きさの割に圧迫感がありません。ライダーもモノトーン。元気な娘のいいトレーニング場です。

おすすめポイント

- 軽くて持ち運びが便利
- 角がなく、安全性を重視した安心のデザイン

ベビーすべり台アップル（グレー＆ミント）／iFam　バランス感覚を覚えるようにとプレゼントされたペダルのないライダー。D-bike mini（スノー　ホワイト）／アイデス

Items 73 **木製おもちゃ**

カラフルでキュートな木製おもちゃ

シロフォンをポロンと鳴らしてからの、このご満悦な"どや顔"、たまりません。次に野菜をザクッと切っては「ハイどーぞ」（エンドレスやがな……）。娘が大好きな楽器や調理ごっこセットなどはいつでも遊べるように棚に置いています。イスもセットして娘専用コーナーに。

おすすめポイント

- 木製で触り心地がいい
- 出しっ放しでもインテリアの一部になる

（左から）ブナ材の木目が見える素朴な塗装。gg＊オエカキハウス／Kukkia　専門家によって調律された本格的な木琴。おさかなシロフォン（黄）／ボーネルンド　木製の野菜はマグネットでくっつくタイプ。はじめてのおままごと（サラダセット　木箱入り）／WOODY PUDDY

見せるおもちゃは
かわいいものを
選んでます

Memo

子ども部屋は丸洗いできるタイルカーペットが便利

ループ状の毛先だとワンコの爪がひっかかるので、毛先がまっすぐで短いタイルカーペットを畳の上に敷きました。ウォッシャブルなので汚れても安心です。裏にゴムがあって滑りにくいのも大事なポイントです。

スクエア2400ソワレ（パール）／東リ

絵本や服は飾りながらしまう

子ども部屋を優しい雰囲気にしたくて、ぬいぐるみや絵本、子ども服をディスプレイできる棚を付けました。女の子らしいかわいい小物を置くと、なんかキューンとして、うれしくなるんです。

（上）ニトリのウォールシェルフにイケアのレールを付けた自作の飾り棚。私がDIYしました（←かなりレア）。（右）ニトリのボックス型ウォールシェルフはそのまま壁掛けに。

大人の靴下や下着など細々したものの収納にもぴったり。ハニカム　パーティション8P／タイガークラウン

ハニカムパーテーション Items 74

小さい子ども服はハニカムパーテーションに

娘の下着は脱衣場の収納棚に、それ以外の服は２階クローゼットに収納。小さい服は散らかりやすいのでハニカムパーテーションを活用しています。くるっと丸めて入れただけなのに整理されて見える不思議マジック。

- 小さいサイズの服が散らからない
- ハニカム型で丸めた服を出し入れしやすい

おすすめポイント

Items 75

布製収納ボックス

（左から）おむつ、積み木おもちゃ、ぬいぐるみ、タオルケットを収納。おもちゃは中央2つのボックスに入る分だけと決めて、はみ出す分はそのつど処分を検討します。

子どもが出し入れしやすい おもちゃのざっくり収納

小さなおもちゃ類は娘が遊びたいときに取り出して、遊び終わったらポイポイしまえるよう布ボックスでざっくり収納です。景品でもらうおもちゃは飽きるまで遊ばせて、「存在を忘れてるな」と思ったら処分しています。

- ポリエステル製の超軽量ボックス
- 柔らかい取っ手で引き出しやすい

おすすめポイント

折りたたみ式でファスナーを閉めて底板を入れるとボックスに。布製で持ち手付きなので子どもでも出し入れしやすい。スクップ　ボックス（ホワイト　3ピース）／イケア

おもちゃは
ボックスに入る分だけ。
娘が自分で
ポイ投げで片付ける
こともあります

Plan 2

抜群の機能性で子育て中のプチストレスにさようなら

保育園に行き出した娘の成長に合わせて、その時々で必要なものがあります。手洗いできそうだなと思いステップを、そろそろトイレトレーニングだなと思い補助便座を用意しました。

子ども関係のものはデザインもさることながら、特に機能性は譲れません。それでなくても大変な子育て中に「ちょっと使いにくいな」というプチストレスを抱えないようにしたいんです。

ステップ Items 76

軽くて持ち運び便利 子どもステップ

一般的な踏み台を子どもがお手洗いや歯磨きをするときの補助ステップとして使っています。洗面所に置いても違和感なく、軽量なので、持ち運びもめっちゃラクです。大人も高いところにあるものを取るのに使います。

- 軽くて持ち運びがラク
- 一体型なので、組み立てが不要
- いすとしても使える

おすすめポイント

ポリプロピレンプラスチック製で軽量。子どもが使うときは必ず大人が側にいるようにしています。メステルー ステップスツール（ベージュ）／イケア

Items 77 補助便座

とにかくシンプルな
トイレの補助便座

トイレトレーニングに必要な補助便座は、よく見かけるなカラフルなものではなくモノトーン色をセレクト。子どもの体が安定する持ち手と、清潔を保てるシンプルなデザインがこだわりポイント。機能性は妥協しません。

- モノトーンのシンプルなデザイン
- トイレに置いても違和感がない

おすすめポイント

凹凸が少なくキレイを保ちやすい構造。汚れても丸洗いできます。取っ手付補助便座（グレー）／永和

> ワンコのお散歩のうんち入れにも。もはや手放せません〜

- 驚きの防臭力
- 生ゴミやペットのうんち入れに最適

おすすめポイント

おむつにはSを、生ゴミにはMを使用。防臭力が高いので災害時のトイレとしても活躍しそう。驚異の防臭袋BOSストライプパッケージ（S・M）／クリロン化成

Items 78 防臭ビニール袋

においを
シャットアウト！
医療用ゴミ袋

離乳食が始まってからのおむつがくさいのなんの。でも、この防臭ビニール袋に出合って深刻なにおい問題が解決しました。医療用に開発されたもので防臭効果は抜群。ワンコのうんちにも使えるので、常にバッグに忍ばせています。

お出かけ&
お散歩に大活躍
小さめトートバッグ

私はいわゆるママバッグなるものを持っていません。愛用しているのは小ぶりなトートバッグ。マチ付きで底が広いので見た目の割にものがたくさん入ります。子どもとのお出かけ、ワンコの散歩、買い物など幅広いシーンに使えて実用性バツグンです。

Memo

バッグの中は
メッシュケースで整理

子連れの持ち物はこまごまとしたものが多いので、トートバッグの中が散らからないよう、小分けバッグを使っています。オススメは中身が見えるナイロン製のメッシュケース（ダイソー）。グレー色がまたクールなんですよね。保育園バッグもこれで小分けしています。

バッグの中身
- おむつポーチ
- お尻拭き
- 防臭袋
- ハンドタオル
- 帽子
- 水筒
- おやつ

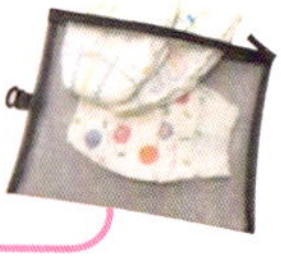

ワンちゃんのお散歩用に
私がデザインした
2WAYバッグなんです

■帆布素材でしっかりし
■ていて型崩れしない
浅めの形でモノの出し
入れがしやすい

おすすめポイント

（左）コーデュラナイロン舟型トートバッグ（M）／エルベシャプリエ　（右）犬グッズ専門店と私がコラボしたお散歩バッグ。ショルダーにもなる2WAY。yukiko×Radica　帆布×カラー　ラージタイプ　2WAY　お散歩バッグ／ラディカ

Items 80 ベビーカー

カスタム仕様の こだわりベビーカー

ベビーカーは黒や赤が多いのですが「玄関に置いても違和感のないものが欲しい」と、カスタムメイドできるエアバギーをセレクト。サイトで配色をシミュレーションして実店舗で注文。ハンドル＆車輪＆生地を白でそろえました。

振動が少なく３輪で小回りがきき、大型ながら折りたためば車のトランクに積めます。カスタマイズオーダーメイドサービスを利用。エアバギーCOCO BRAKE EX／エアバギー

おすすめポイント

- ３輪式なので小回りがきく
- モノトーンにこだわったデザイン性

Items 81 電動自転車

- シンプルなデザイン
- 座面が低くて安定している

おすすめポイント

低い座面が 安定する 子ども乗せ自転車

保育園の送り迎えに使う子ども乗せ自転車は電動アシスト付きにしました。雑誌「VERY」とコラボしたという自転車をカスタム発注。本体＆タイヤは白、バスケット＆サドル＆グリップは黒を選び、ハンサムなモノトーンに仕上げました。

スポーティなデザインの子ども乗せ電動自転車。チャイルドシートは後ろが標準仕様ですがまだ小さいので前乗せに。HYDEE. Ⅱ（フルカスタム）／ブリヂストン

Column

念願のドッグカフェをオープンしました！

お店のトレードマークは“白いお方”のシルエット。普段から車でワンコのお散歩によく出かけていた、なじみ深い場所です。

もともと犬が大好きで動物関係の専門学校を卒業してトリマーや動物看護師として働いていました。長年抱いていた「いつかドッグカフェを開きたい」という私の夢は、いつしか家族の夢になりました。そしてついにドッグカフェをオープンできたのです！　その名も「Dog cafe RUDI」。〝白いお方〟の名前からとりました（←ひねりも何もないねん）。

　決して大きな店ではありませんが、ワンちゃんが散歩できる公園の近くにあります。散歩のついでに立ち寄って、みなさんがくつろげる場所になってほしいと願っています。

お客様が
ゆっくりくつろげる
家具をそろえました

内装や家具選びは細部にまでこだわりました。お店の奥はゆっくりくつろげるようにソファの空間に。屋外用なので汚れても拭き取れます。手前のチェアはまあるい曲線が優しいラタン製を選びリゾート感を出しました。

家のリビングでも使用しているセラミックの壁材「エコカラット」を、カフェのカウンターにも採用。カフェらしくレンガ積みのデザインを選びました。防臭＆防湿対策もバッチリです。

Column

主にお店で腕を振るっているのは主人です。こだわりの鉄板でサンドイッチやらお好み焼きやら（←粉もん好きやねん）を真剣に作ってはります。おいしいコーヒーやハーブティーも用意しています。

忙しいときは私もお手伝いします。車で見つけて飛び込みで来店していただいたり、ブログを見て遠方から来てくださる方もいて、みなさんとワンコの話をするのが、めっちゃ幸せです！

おすすめメニューは「ステーキサンド」「マカロニグラタン」「RUDI焼き（お好み焼き）」。ワンコ用には「鹿肉ステーキ」「トリ皮チップス」。

店長ルディと副店長のこくぼ&ヅナがお待ちしています

カフェの店長を紹介します。店長は言わずと知れた“白いお方”ことルディ。副店長は友人の黒柴犬“こくぼ”と“ヅナ”。来店してくださるみなさんにかわいがってもらっています。散歩のついでにぜひお立ち寄りください。

Dog cafe RUDI

〒589-0013　大阪府大阪狭山市茱萸木（クミノキ）1-11-3
www.dog-cafe-rudi.com/
●営業時間
火曜～金曜　11：00～18：00（LO：17：30）
土日祝日　10：00～18：00（LO：17：30）
●定休日
毎週月曜　第1、第3、第5火曜（祝日の場合は翌平日）

もの選びで「暮らしをラクにした」その先にある幸せ

「これ、もっとラクにできるはず」

「これは、便利！」

日々のもの選びを通して、家事がラクになる分、家族と一緒の時間が増えることが、何より有意義なんです。

ものを捨てるとか、片付けをする、というのは、目的じゃなくて、人生を楽しむための通過点。ゴールではないと思っています。

「いま」はもう二度と来ないから、後悔したくない！　貴重な毎日を、本当に必要なこと、もので満たすために…。そしてわが家は、家族も私もいつも笑顔で過ごせる場所でありたいと思っています。

あなたはどんな暮らしがしたいですか？　その答えが見つかったとき、ほんとうの意味で、暮らしはもっと豊かになるんだと思います。

yukiko

ルームスタイリスト1級、整理収納アドバイザー1級。大阪生まれ、大阪育ちの30代。同級生の夫と、２歳になる娘、愛犬ルディとの生活をつづったブログ「ほんとうに必要な物しか持たない暮らし」が多くの読者に支持され、月間838万ＰＶを超える人気ブロガーに。フォロワー数は22万人（2018年10月５日現在）を超え、「インテリア・DIY」部門１位を爆走中。楽天株式会社が2017年に主催した「第１回ベストROOMグランプリ」優勝。

Instagram
@yukiko_ismart

Ameba
「ほんとうに必要な物しか持たない暮らし」
https://ameblo.jp/yukikoismart/

Keep Life Simple!

世《よ》の中《なか》に、こんなに便利《べんり》なものがあったのか！もの選《えら》びで暮《く》らしはぐんとラクになる

2018年11月15日　初版発行

著者　yukiko
発行者　川金正法
発行　株式会社KADOKAWA
〒102-8177　東京都千代田区富士見2-13-3
電話0570-002-301（ナビダイヤル）
印刷所　大日本印刷株式会社

本書の無断複製（コピー、スキャン、デジタル化等）並びに無断複製物の譲渡及び配信は、著作権法上での例外を除き禁じられています。
また、本書を代行業者などの第三者に依頼して複製する行為は、たとえ個人や家庭内での利用であっても一切認められておりません。

KADOKAWAカスタマーサポート
[電話] 0570-002-301（土日祝日を除く11時〜13時、14時〜17時）
[WEB] https://www.kadokawa.co.jp/（「お問い合わせ」へお進みください）
※製造不良品につきましては上記窓口にて承ります。
※記述・収録内容を超えるご質問にはお答えできない場合があります。
※サポートは日本国内に限らせていただきます。

定価はカバーに表示してあります。
©yukiko 2018　Printed in Japan
ISBN 978-4-04-604022-0　C0077